Markus Griesser

DIE WELT DER STERNE

Hallwag Verlag Bern und Stuttgart

Im Gedenken an meinen Vater, Siegfried Griesser (1910–1981)

Umschlagfoto: Wasserstoffgasnebel M 42 im Sternbild Orion; Aufnahme der Sternwarte Eschenberg, Winterthur

Abbildungen:
California Institute of Technology and the Carnegie Institution of Washington: 76, 78; Lois Cohen, Griffith Observatory, Los Angeles: 45; Georg Gerster: 7; Hale Observatories, Pasadena: 62, 68r., 69l., 71, 89, 92, 101, 104, 105r., 106f., 109; G. Klaus, Grenchen: 55u.r.; Max-Planck-Gesellschaft für Radioastronomie, Bonn: 40, 96; Smithsonian Astrophysical Observatory, Cambridge/USA; 43, 44; Thomas Spahni, Winterthur: 68l.; W. Staub, Burgdorf: 55o.; Sternwarte der Universität Würzburg: 35; US Naval Observatory, Washington/Astro-Bilderdienst SAG: 77, 105l., 108; Sternwarte Eschenberg, Winterthur: 21, 60l., 61u., 69r., 86, 88, 94, 116. Alle übrigen Abbildungen stammen von Markus Griesser.

3., verbesserte und ergänzte Auflage, 1986

ISBN 3 444 50149 8

Inhalt

Markus Griesser, geboren 1949, beschäftigt sich seit seiner Jugend mit Astronomie. Als freier Mitarbeiter mehrerer Zeitungen und Zeitschriften verfaßte er zahlreiche Beiträge zu astronomischen Themen. Sein besonderes Interesse gilt der Geschichte der Astronomie und – als begeisterter und aktiver Amateurastronom – der praktischen Tätigkeit an Fernrohr und Kamera. Markus Griesser ist als Redaktor und Journalist in einem schweizerischen Industrieunternehmen tätig.
Im Hallwag Verlag sind vom gleichen Verfasser das Sachbuch «Die Kometen im Spiegel der Zeiten» und das Taschenbuch Nr. 108 «Himmelsfotografie» erschienen.

Vorwort

«Die Menschen sind nicht bereit, sich von Erzählungen über Götter und Riesen trösten zu lassen, und sie sind nicht bereit, ihren Gedanken dort, wo sie über die Dinge des täglichen Lebens hinausgehen, eine Grenze zu ziehen. Damit nicht zufrieden, bauen sie Teleskope, Satelliten und Beschleuniger, verbringen sie endlose Stunden am Schreibtisch, um die Bedeutung der von ihnen gewonnenen Daten zu entschlüsseln. Das Bestreben, das Universum zu verstehen, hebt das menschliche Leben ein wenig über eine Farce hinaus und verleiht ihm einen Hauch von tragischer Würde.»
Steven Weinberg, amerikanischer Teilchenphysiker, 1977

Die Beobachtung der gestirnten Welt gehört wahrscheinlich zu den frühesten wissenschaftlichen Tätigkeiten der Menschheit. Über 5000 Jahre kann die ereignisreiche Geschichte der Astronomie zurückverfolgt werden, und es scheint ein Urbedürfnis des Menschen zu sein, daß er nicht nur seinen unmittelbaren Lebensraum, sondern auch die fernen kosmischen Erscheinungen erforschen und verstehen möchte.
Im Weltbild unserer Tage sind die Grenzen, die der menschliche Verstand in seiner Beschränktheit immer wieder neu errichtet hat, schon längst gefallen. Die gegenwärtige Weltsicht ist offener und komplizierter denn je geworden. Sie verhilft dem Menschen einerseits zu einer enormen Bewußtseinserweiterung, weist ihn aber zugleich auch immer deutlicher auf seine Verlorenheit im Universum hin. Und angesichts der dynamischen Vorgänge im riesigen Weltall sucht der moderne Mensch noch immer vergeblich den Sinn seiner Existenz zu verstehen und seine Stellung im Weltganzen zu ergründen. Er stellt dabei stets dieselben Fragen nach dem Absoluten, die aber kaum je eine endgültige Antwort finden werden.

Markus Griesser

Geschichtlicher Streifzug

Zeugen der Vorzeit

In Westeuropa verstreut liegen mehrere Hundert großer und kleiner Steinbauwerke als stumme Zeugen einer frühen Kultur. Sie stammen aus einer vorgeschichtlichen Epoche, aus einer Zeit, die offenbar noch keine Schrift kannte, was die Deutung der Steinmonumente so schwierig macht. Immerhin kann durch moderne Datierungsmethoden an organischen Stoffen das ungefähre Auftreten der megalithischen Kulturen zeitlich einigermaßen eingegrenzt werden: Die ältesten Bauwerke müssen etwa vor fünf- bis siebentausend Jahren erbaut worden sein. Doch wozu?

Das bekannteste und zugleich auch das am besten untersuchte Steinbauwerk ist *Stonehenge* in Südengland. Diese mächtigen «Gesteinsbrocken» inmitten eines kreisförmig aufgeschütteten Erdwalles sind seit Jahrhunderten bekannt und haben immer wieder Anlaß zu Spekulationen geboten, doch ihre Deutung blieb bis in unsere Tage offen. Stonehenge besteht aus mehreren konzentrischen Stein- und Lochkreisen; hufeisenförmig angelegt ragen im Zentrum fünf riesige Steintore gegen den Himmel, und einzelne Steine außerhalb des Steinrunds scheinen wahllos gesetzt oder gar «vergessen» worden zu sein. Erst die moderne Forschung, jahrelange Vermessungsarbeiten und sorgfältige Computeranalysen haben etwas Licht in die dunkle Angelegenheit gebracht.

Stonehenge — so glaubt man heute nachweisen zu können — diente zumindest teilweise als *prähistorisches Observatorium,* als «Sternwarte» der Kupfer- und Bronzezeit und möglicherweise auch als riesiger, in Erde und Stein errichteter *Kalender.* Mehrere astronomische Hauptdaten sind in Stonehenge festgehalten, was durch Computersimulationen erkannt werden konnte. Die uns sonst kaum bekannten Steinbauleute, die Stonehenge in einem Zeitraum von mehreren hundert Jahren etappenweise erbauten, scheinen dabei den beiden Hauptge-

Flugaufnahme von Stonehenge, dem bekanntesten megalithischen Baudenkmal

stirnen Sonne und Mond ihre besondere Aufmerksamkeit gewidmet zu haben. Denn die auf den ersten Blick scheinbar so regellos gesetzten Steine markieren Auf- und Untergangslinien von Sonne und Mond zu verschiedenen Jahreszeiten.
Besonders gekennzeichnet sind Winter- und Sommersonnenwende. Weitere Markierungen außerhalb der Steinkreise dienten offenbar zur Berechnung von Sonnen- und Mondfinsternissen.
Um Stonehenge bleiben aber trotzdem viele offene Fragen. Die megalithische Kultur hat uns keine schriftlichen Zeugnisse hinterlassen. Auch sind aus den nachfolgenden Kulturen keine Hinweise erkennbar, daß das vielfältige Wissen der Steinbauleute wenigstens mündlich überliefert worden wäre, und so bleibt das Mysterium von Stonehenge nur schwach erhellt durch die moderne Forschung. Eines wird jedoch durch die monumentalen Steinbauten sehr deutlich: Die Geschichte der

Himmelskunde beginnt offensichtlich auch im europäischen Raum sehr früh. Die Vermutung, daß die Astronomie die älteste Wissenschaft ist, findet hier eine deutliche Bestätigung.

Erste Astronomen

Die eigentliche Wiege der abendländischen Astronomie liegt im Vorderen Orient. Die ersten Aufzeichnungen astronomischer Beobachtungen gehen auf die Babylonier und Ägypter zurück. Auch diese Völker haben etwa von 3000 v. Chr. an ihr Interesse zunächst dem Lauf von Sonne und Mond geschenkt. Es scheint überhaupt ein zentrales Merkmal jeder frühen Hochkultur zu sein, daß sie auf das Wissen um astronomische Zusammenhänge großen Wert legte. Die ersten «Astronomen» mögen sowohl im alten Europa als auch in den alten Hochkulturen des Orients *Priester* gewesen sein. Sie konnten als einzige das geheimnisvolle Wechselspiel am Himmel deuten und machten ihre Erkenntnisse für das damals weitgehend von der Natur bestimmte Leben der Menschen nutzbar. Der Zeitpunkt für Saat und Ernte, zentrale Daten jeder ackerbautreibenden Kultur, wurde auf diese Weise bequem am Himmel abgelesen. Die dabei erreichte Beobachtungsgenauigkeit war erstaunlich und läßt sich wohl nur durch eine über Jahrhunderte gepflegte Beobachtungspraxis erklären. Die frühe Astronomie befaßte sich vor allem damit, aus dem regelmäßigen Lauf von Sonne und Mond einen genauen Kalender abzuleiten.
In einer Kultur, die vom Ackerbau lebt, gehören genaue Kenntnisse der Zeit zum überlebenswichtigen Wissen; wohl deshalb sind manche Tage oft mit mystischen Festen und Zeremonien gekennzeichnet. Der Hintergrund für das Entstehen der Sterndeutung, der *Astrologie,* mag nun hier, in der frühen Antike, zu suchen sein. Astrologische Praktiken nahmen in allen alten Kulturen einen gewichtigen Platz ein: Sternforschung und Sterndeutung waren bis ins Mittelalter nicht zu trennen.

Griechische Astronomie

Ein Umschwung zeichnete sich erstmals in der griechischen Kultur zaghaft ab; durchsetzen konnte sich jedoch die neue Strömung nicht. Etwa von 600 v. Chr. an begann im griechi-

schen Raum – wohl begünstigt durch das politisch freiheitliche Klima der mehr oder weniger autonomen «Stadtstaaten» – eine rasche Entwicklung. Griechische Naturgelehrte waren es, die erstmals die Geschehnisse am Himmel nicht einfach als gegeben hinnahmen, sondern nach Hintergründen und Ursachen suchten. Erklärten die babylonischen und ägyptischen Priester noch die Gestirnsbewegungen allein durch göttliche Mächte, so suchten ihre griechischen Nachfolger die Umläufe der Gestirne durch natürliche Gegebenheiten zu erklären: Eine Trennung von Wissenschaft und Religion zeichnete sich ab.
Thales von Milet etwa zerstörte das Bild von der scheibenförmigen Erde. Eratosthenes bestimmte daraufhin durch Winkelmessungen der Mittagssonne den Umfang der kugelförmigen Erde – auf 400 Kilometer genau! Hipparch wandte sein Interesse den Sternen zu und schuf das erste Sternverzeichnis mit den Positionen von über tausend einzelnen Sternen. Aristarch von Samos postulierte schließlich, daß nicht die Erde im Zentrum der Welt stehen könne, und nahm damit das heliozentrische Weltbild vorweg. Dies sind nur einige Ergebnisse altgriechischer Naturforschung.
Trotz dieser wichtigen Erkenntnisse blieb die griechische Astronomie oft nur in Gedankenansätzen stecken, die zwar rege diskutiert, aber nicht bewiesen werden konnten. Möglicherweise erklärt sich dadurch, daß sich letztlich der «Philosophenfürst» Aristoteles mit seiner zur Theorie ausgebauten Meinung doch durchsetzen konnte: Er entwickelte nämlich erstmals ein einheitliches geometrisches Weltsystem, in dem alle Himmelskörper (Sonne, Mond, Planeten und Sterne) auf Kreisbahnen um die unbewegliche und zentrale Erde kreisen.

Die Lehre von der festen Erde

Ptolemäus, ein alexandrinischer Gelehrter des ersten nachchristlichen Jahrhunderts, griff diese Lehrmeinung auf, überprüfte und verfeinerte sie und schrieb in enger Anlehnung an Aristoteles das erste umfassende Lehrbuch der Astronomie: den «Almagest». Durch dieses Werk wurde das geozentrische Weltbild in seinem Fundament gefestigt. Das Christentum übernahm das ptolemäische Weltbild praktisch unverändert;

fast 1500 Jahre blieb diese heute längst überholte Weltsicht gültig.
Die Astronomie des Mittelalters erstarrte in einem engen, unbeweglichen Gedankengebäude. Erst unter dem Einfluß Karls des Großen regte sich die Forschung wieder etwas; unumstößlicher Mittelpunkt in der Lehre der Astronomie blieb jedoch die Grundlage des Aristoteles und damit das geozentrische Weltbild des Ptolemäus. Praktische Astronomie, also Messungen und Beobachtungen am Sternenhimmel, sind aus dem Mittelalter kaum bekannt. An Stelle des Wissens trat im Mittelalter wieder der Glaube und — bei unerklärlichen Vorgängen am nächtlichen Himmel — der Aberglaube. Das Beispiel der Kome-

Geozentrisches Weltbild nach Ptolemäus: Im Mittelpunkt der Welt steht die unbewegliche Erde. (Kupferstich aus dem 17. Jahrhundert)

Beispiel der mittelalterlichen Kometenfurcht: Ein Schmied versucht das drohende Kometenfeuer am Himmel zu löschen. (Aus einer 1532 erschienenen Kometenschrift)

ten mag dies belegen: Diese geschweiften Himmelsboten, die die neue Astronomie eindeutig als Himmelskörper und sogar als Mitglieder des Sonnensystems erkannt hat, waren im engbegrenzten ptolemäischen Weltbild nirgends einzuordnen. Getreu der Bibel galten sie deshalb bald als von Gott gesandte Mahn- und Wunderzeichen, wurden aber eigenartigerweise immer als Unglücksboten betrachtet. Die Chronisten schürten das Märchen vom «unglückseligen Kometen» wacker mit. Hartmann Schedel etwa berichtet 1493 in seiner berühmten «Weltchronik» von mehreren Kometenerscheinungen. Ein Beispiel: «Diser zeit schine ein comet drey monat aneinander. Der zaiget an großen nachfolgenden iamer. Dann es komen groß regen und thonrsleg. Dergleichen vormals ungesehen. Die element stellten sich als ob sie zu austilgung der statt rom und welsch lannds zusamen gesworen hetten. Vil vihs starb davon den menschen große beschedigungen entstünd . . .»

Die astronomische Forschertradition der Alten wurde so im Mittelalter hauptsächlich durch die vorgefaßte Meinung des Glaubens und Aberglaubens ersetzt.

Die Sonne im Zentrum

Im Jahre 1543 veröffentlichte Nikolaus Kopernikus sein Buch «De Revolutionibus Orbium Coelestium» (Über die Umläufe der Himmelskörper) und legte damit den Grundstein zur neuen Astronomie. Kopernikus hatte in langjährigen Beobachtungen mehrfach festgestellt, daß das komplizierte geozentrische Weltbild des Ptolemäus etliche Unstimmigkeiten aufwies. In seinem Buch — er wollte ein dem «Almagest» entsprechendes Lehrbuch schaffen — versuchte Kopernikus deshalb, einfachere Lösungen für die scheinbar so komplizierten Bahnen der Himmelskörper zu formulieren. «Der Erdmittelpunkt ist nicht der Mittelpunkt der Welt . . .» erkannte er bereits im Jahre 1508, doch erst 1543, in seinem Todesjahr, wagte er sich mit seiner neuen Lehre an die Öffentlichkeit.

«Alle Bahnen der Himmelskörper umgeben die Sonne, und daher liegt die Weltmitte nahe der Sonne. Alles, was an Bewegung am Himmel sichtbar wird, ist nicht von sich aus so, sondern von der Erde aus gesehen. Denn die Erde bewegt sich wie jeder andere Planet um die Sonne . . .» — dies war sinngemäß der Kern des neuen, des *kopernikanischen* Weltsystems. Kopernikus verwies die Erde aus ihrer zentralen Stellung und setzte damit auch jener Sicht des Mittelalters ein Ende, die den Menschen als das von Gott erschaffene höchste Wesen im Zentrum der Welt sehen wollte. Der erste wichtige Schritt hin zur neuen Astronomie war getan.

Die Beurteilung des kopernikanischen Weltbildes durch andere Gelehrte blieb zunächst aus. Nur einige wenige Persönlichkeiten des damaligen Geisteslebens reagierten etwas ungehalten auf die waghalsigen Thesen, die ein kleiner Domherr in einem abgeschiedenen Wetterwinkel Europas kreiert hatte. Zum machtpolitischen Zankapfel wurde das kopernikanische System eigentlich erst ein Jahrhundert später, und zwar durch den Wegbereiter der klassischen Physik, Galileo Galilei. Er richtete im Jahr 1609 erstmals ein selbstgebautes Fernrohr gegen den

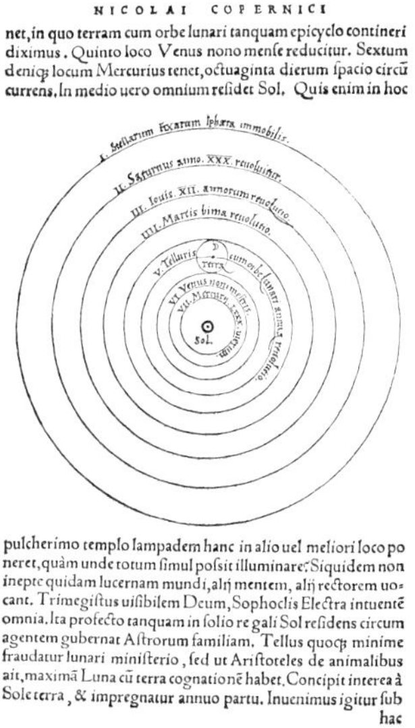

NICOLAI COPERNICI

net, in quo terram cum orbe lunari tanquam epicyclo contineri diximus. Quinto loco Venus nono menſe reducitur. Sextum denique locum Mercurius tenet, octuaginta dierum ſpacio circũ currens. In medio uero omnium reſidet Sol. Quis enim in hoc

pulcherimo templo lampadem hanc in alio uel meliori loco poneret, quàm unde totum ſimul poſsit illuminare? Siquidem non inepte quidam lucernam mundi, alij mentem, alij rectorem uocant. Trimegiſtus uiſibilem Deum, Sophoclis Electra intuentē omnia. Ita profecto tanquam in ſolio regali Sol reſidens circum agentem gubernat Aſtrorum familiam. Tellus quoque minime fraudatur lunari miniſterio, ſed ut Ariſtoteles de animalibus ait, maximā Luna cũ terra cognationē habet. Concipit interea à Sole terra, & impregnatur annuo partu. Inuenimus igitur ſub hac

Oben: Nikolaus Kopernikus (1473–1543), der Schöpfer des neuen Weltbildes
Rechts: Seite aus dem 1543 erschienenen Hauptwerk von Kopernikus mit Darstellung des neuen, heliozentrischen Weltbildes

Himmel und stieß damit in eine neue Welt vor. Die Entdeckung der Jupitermonde und der Phasen der Venus betrachtete Galilei als Beweis für die Richtigkeit der kopernikanischen Lehre, die er bald vehement verteidigte. 1633 zwang ihn ein kirchliches Inquisitionstribunal zur öffentlichen Widerrufung seines «Irrglaubens», doch lagen zu diesem Zeitpunkt bereits die ersten wissenschaftlichen Beweise und zugleich auch die ersten Verbesserungen der kopernikanischen Sicht vor. Johannes Kepler, der Nachfolger des unübertroffenen Meisterbeobachters Tycho Brahe, hatte sie 1609 und 1619 mit seinen drei Gesetzen über die Planetenbewegung geliefert. Isaac Newton fand schließlich noch vor Ende des 17. Jahrhunderts in der universellen Gravitation jene Kraft, die die Planeten auf ihrer Umlaufbahn hält.

Damit war die mittelalterliche Trägheit in der Forschung überwunden; was nun kam, war ein Zeitalter der Entdeckungen. Durch technische Verbesserungen der Fernrohre folgte eine gewaltige Fülle neuer Erkenntnisse über den planetaren Raum. Nur der Welt der Fixsterne wurde zunächst noch wenig Beachtung geschenkt, obwohl auch hier Galilei mit der Entdeckung der Einzelsterne in der Milchstraße den Weg vorgezeichnet hatte.

Aufbruch in die Welt der Sterne

Als Pionier der Fixsternforschung gilt Wilhelm Herschel, der 1738 als Sohn eines hannoverischen Militärmusikers geboren wurde. Nach einer bewegten Zeit als Gardemusiker gelangte Herschel 1757 nach England, wo er sich zunächst als Musiklehrer und Komponist recht kümmerlich durchs Leben schlug. Als «Freizeitastronom» begann er etwa ab 1775 mit selbstgebauten Fernrohren den Himmel zu durchforschen, und am 13. März 1781 kam mit der zufälligen Entdeckung des Planeten Uranus seine große Stunde. König Georg III. ernannte ihn aufgrund dieser Entdeckung 1782 zu seinem Hofastronomen, und Herschel konnte sich fortan hauptberuflich und ohne materielle Belastung ganz der Astronomie verschreiben.
Obwohl Herschels Karriere als Astronom mit einer Entdeckung in unserem Sonnensystem begann (weitere Entdeckungen folgten), begründet sich sein Ruhm vor allem durch aufsehenerregende Forschungsarbeiten auf dem Gebiet der Sterne.
Herschel begann seine Tätigkeit als königlicher Hofastronom zunächst mit der Herstellung von leistungsfähigen Teleskopen. Sein erstes größeres Fernrohr wurde bereits 1782 fertiggestellt. Mit einem 48 Zentimeter großen Hauptspiegel und einer Brennweite von sechs Metern leitete dieses Gerät eine neue Ära in der Geschichte der beobachtenden Astronomie ein. Mit diesem neuen Instrument begann Herschel seine dritte Himmelsdurchmusterung. Er beobachtete dabei buchstäblich alles, was ihm vor das Fernrohr kam; allein schon sein erster, 1786 erschienener Katalog neuentdeckter Objekte belegt dies deutlich: Dieses Verzeichnis von Nebeln und Sternhaufen enthält nicht weniger als 1000 Objekte mit ausführlichen Beschreibungen! 1789 er-

Links: Wilhelm Herschel (1738–1822)
Rechts: Eines der beiden 20-Fuß-Instrumente, mit denen Herschel der astronomischen Forschung völlig neue Perspektiven eröffnete

schien ein zweites Verzeichnis – ebenfalls mit 1000 neuen Objekten – das dritte folgte 1802. Insgesamt, so kann die moderne Forschung bestätigen, hat Herschel 2508 Nebel und Sternhaufen entdeckt. Allein schon diese Kataloge sind eine erstaunliche Leistung des ehemaligen «Amateurastronomen», besonders wenn man bedenkt, daß bis dahin das einzige Nebelverzeichnis, von Charles Messier 1784 zusammengestellt, gerade 100 Objekte auswies. Für Herschel waren allerdings diese umfangreichen Kataloge mehr das Nebenprodukt seiner Arbeit, die darauf abzielte, den Aufbau und die Gestalt unserer Milchstraße zu erforschen. Verschiedene Philosophen, darunter auch Immanuel Kant, hatten sich mit diesem Problem auf geistiger Ebene beschäftigt; doch Herschel war der erste, der die Aufgabe nicht von der spekulativ-philosophischen Seite, sondern über praktische Beobachtungen anging.

«Weißt du, wieviel Sternlein stehen . . .» heißt es in einem alten Kinderlied: Wilhelm Herschel wagte sich an die Beantwortung dieser Frage. Seine Methode der «Sterneichung» bestand darin, in verschiedenen, aber genau lokalisierten Himmelsfeldern alle sichtbaren Sterne zu zählen. Nicht weniger als 3400 Eichfelder durchforschte er auf diese Art, wobei manche Felder weniger als zehn, andere dafür über hunderttausend Sterne enthielten. Aufgrund derartiger «Stichproben» kam Herschel dann zum Schluß, «daß die Milchstaße eine sehr ausgedehnte Schicht von Sternen verschiedener Größe ist, und daß unsere Sonne wirklich einer der Himmelskörper ist, die zur Milchstraße gehören . . .».
Herschel versuchte, auch die Form dieser «Schicht von Sternen» zu charakterisieren. Seine Skizze (vgl. Abb. S. 98) enthält zwar nach modernen Erkenntnissen einige Unstimmigkeiten, ist aber doch in wesentlichen Belangen richtig.

Auch die Sonne bewegt sich

Herschel war aber noch in anderen Bereichen der Stellarastronomie Wegbereiter: Indem er die Newtonschen Gesetze der Massenanziehung auf das gesamte Weltall übertrug, kam er zur Ansicht, daß unsere Sonne als Stern unter Sternen ebenfalls dem Gravitationsgesetz gehorchen müsse. Es sei, so Herschel, «höchst wahrscheinlich, daß jeder Stern am Himmel mehr oder weniger in Bewegung ist». Diese These gipfelte schließlich in der Angabe des «Apex» (Zielpunktes) der Sonnenbewegung, den Herschel aufgrund sorgfältiger Messungen in Richtung des Sternbildes Herkules verlegte. Der Herschelsche Sonnenapex weicht nach modernen Messungen nur wenige Winkelgrade von der tatsächlichen Zielrichtung ab; auch auf diesem Gebiet wurden also die Beobachterqualitäten des einstigen Musikers bestätigt.
Aber nicht nur die Bewegung der Sonne erkannte er als erster, auch in der bisher als unbeweglich geltenden Welt der «Fix»-Sterne entdeckte er nachweisbare Veränderungen. Bei verschiedenen Doppelsternen, so auch beim Stern Kastor, dem Hauptstern in den Zwillingen, konnte er eine Ortsveränderung im Laufe seiner langjährigen Beobachtertätigkeit nachweisen.

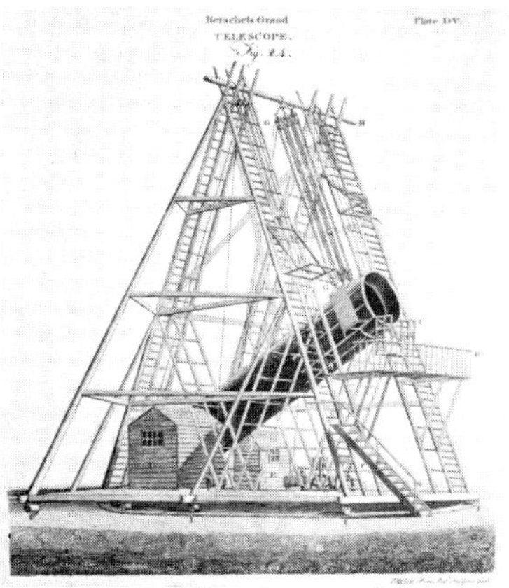

Dieses größte von Herschel erbaute Spiegelfernrohr wies bei einem Spiegeldurchmesser von 1,20 m eine Brennweite von über 12 Metern auf. Der aus Metall gefertigte Spiegel wog allein über 4000 kg

Dies war gleichzeitig auch der praktische Beweis, daß das Gravitationsgesetz selbst in fernsten Weltentiefen wirksam ist.
Nach Herschels Tod – er starb 1822 – war der Weg in die Welt der Sterne frei. Seine Erkenntnisse bildeten den Grundstock für die Stellarastronomie, die sich im Laufe des 19. Jahrhunderts rasch zu einem wichtigen Forschungszweig der Himmelskunde entwickelte.
Ein zentrales Problem der Stellarastronomie blieb vorerst noch ungelöst, obwohl Herschel und verschiedene Beobachter vor ihm eine Lösung gesucht hatten: Wie verhält es sich mit den Entfernungen im stellaren Raum? Die erste Antwort auf diese Frage wurde 1838 gefunden – knapp 16 Jahre nach Herschels Tod.

Ein kleiner Stern macht Geschichte
Ähnlich wie Herschel hatte sich auch Friedrich Wilhelm Bessel aus bescheidenen Verhältnissen – er war ursprünglich Kaufmannslehrling – zu einem der führenden Astronomen seiner Zeit emporgearbeitet. Bessel machte sich in den Jahren 1837/38 erstmals daran, die Entfernung eines Fixsternes zu

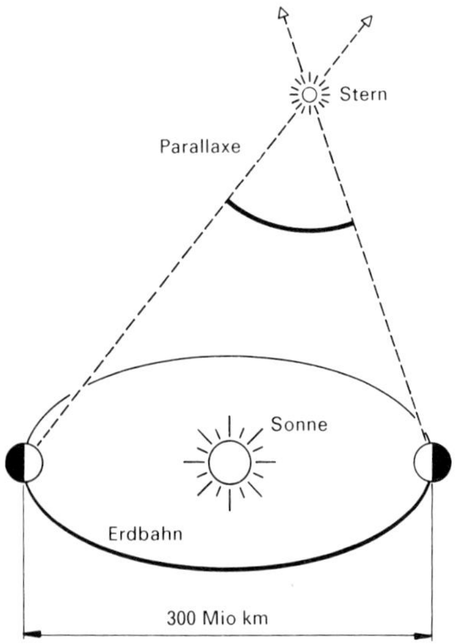

Bestimmung einer Sternentfernung über Winkelmessungen. Als Basis dieses Meß-verfahrens, das sich nur für verhältnismäßig nahestehende Sterne, eignet, dient der Erdbahndurchmesser beziehungsweise die mittlere Entfernung der Erde zur Sonne

messen. Die Methode, die er dabei anwandte, hatte bereits Herschel versucht, aber seine Teleskope eigneten sich trotz ihrer Größe und unbestrittenen Leistungsfähigkeit nicht für präzise Winkelmessungen. Bessel jedoch hatte das Glück, eines der besten und genauesten Meßgeräte anwenden zu können. Kein Geringerer als der optische Altmeister Fraunhofer – der beste Optiker seiner Zeit – hatte dieses Präzisionsinstrument, ein sogenanntes Heliometer, gebaut, das eine Meßgenauigkeit von winzigen Sekundenbruchteilen gestattete.
Bessel versuchte nun, die Distanz einiger ausgewählter Sterne mit Hilfe der sogenannten Fixsternparallaxe zu bestimmen. Als Basis dient bei diesem trigonometrischen Meßverfahren der Erdbahndurchmesser, wobei an zwei gegenüberliegenden Punkten der Erdbahn der Winkel des zu untersuchenden Sternes relativ zum Himmelshintergrund gemessen wird. Beim

Doppelstern 61, einem unscheinbaren Sternpaar im Sternbild des Schwanes, fand Bessel tatsächlich einen winzigen Abweichungswinkel von etwa 0,3 Bogensekunden, ein unscheinbar kleiner Wert, der aber die Entfernungsbestimmung auf rechnerischem Weg erlaubte: 11,2 Lichtjahre ist 61 Cygni von uns entfernt! Mit diesem Resultat, das übrigens auch mit modernen Messergebnissen recht gut übereinstimmt, war der langgesuchte Maßstab in der Fixsternwelt endlich gefunden, obwohl man bald feststellen mußte, daß mit der Parallaxenmethode gerade nur die Entfernungen der nächsten Sterne bestimmt werden konnten. Und selbst der nächststehende Stern ist immer noch mehr als vier Lichtjahre, fast 41 Billionen Kilometer, von uns entfernt. Eine Frage tauchte nun zwangsläufig auf: Besteht das Weltall also zum größten Teil aus unvorstellbar riesigen, leeren Räumen zwischen den einzelnen Sternen?

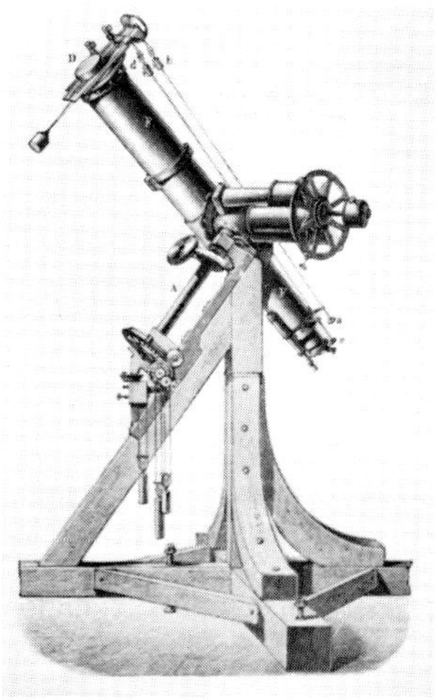

Bessels Heliometer, ein Winkelmeßgerät für sehr kleine Winkel, wurde noch von Joseph von Fraunhofer gebaut. Es war eines der genauesten Geräte seiner Zeit und erlaubte 1837/38 erstmals die Bestimmung einer Sternentfernung

Gefangenes Licht

Die Lösung dieses Problems wurde um die Jahrhundertwende möglich, und zwar durch die Einführung der Himmelsfotografie. Max Wolf, ein Heidelberger Professor für Astronomie, versuchte um 1890 erstmals, mit einer gewöhnlichen Porträtkamera Aufnahmen aus der Fixsternwelt zu erhalten. Nach verschiedenen Vorversuchen gelang es Wolf dann tatsächlich, zum Erstaunen der Fachwelt, eine ganze Reihe hervorragender Stellaraufnahmen zu gewinnen. Obwohl diese Fotografien zunächst nur mit einem gewöhnlichen Kameraobjektiv von 31 Millimetern Öffnung gewonnen wurden, zeigten sie zahlreiche bisher unbekannte Details in den ausgedehnten Sternwolken unserer Milchstraße. Vor allem enthüllten sie in vielen, bisher als «leer» betrachteten Himmelsgegenden weit ausgedehnte, aber nur sehr schwach leuchtende Gasmassen. Wolf gelangte beispielsweise zum erstaunlichen Ergebnis, daß fast das ganze Gebiet im Sternbild Orion von zarten Nebelschleiern überzogen ist, die sich bis dahin jeder direkten Beobachtung entzogen hatten (Abb. S. 69).

Aber dennoch gab es zahlreiche Stellen am Himmel, die trotz stundenlangen Belichtungszeiten mit großen Instrumenten keinerlei Schwärzung auf der Fotoplatte erzeugen wollten. Mitten in einer leuchtenden Sternwolke der Milchstraße entdeckte der Fotoastronom eigentliche «schwarze Höhlen», die manchmal wie mit dem Locheisen ausgestanzt, meist jedoch in chaotischer Gestalt erschienen. Die Lösung dieses Rätsels: Dunkle kosmische Gas- und Staubwolken, die einer Sternwolke vorgelagert sind, verschlucken das Licht der dahinterliegenden Sterne.

Der Raum zwischen den Sternen ist also nicht leer; leuchtende und dunkle Gasmassen sind offensichtlich ein wesentlicher Bestandteil im All. Die «interstellare Materie» bildet, wie man heute weiß, sogar die Grundlage für die Entstehung neuer Sterne.

Die astronomische Fototechnik gestattete aber außerdem auch eingehendere Untersuchungen an weit entfernten Nebelflekken. Die Zahl derartiger Objekte wuchs seit der Einführung der Himmelsfotografie in die Millionen. Dabei erkannte man bald,

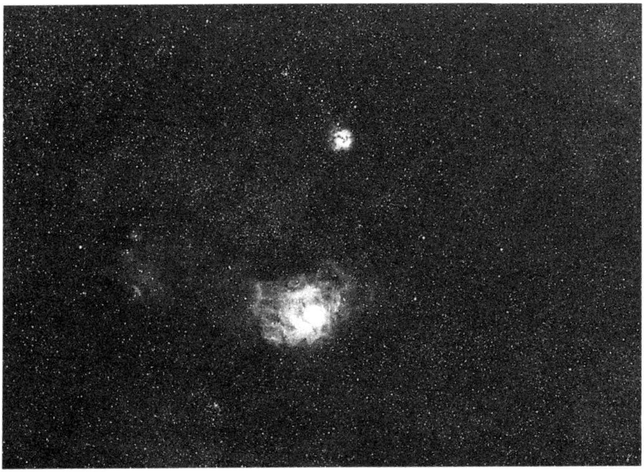

Gasnebel M 8 und M 20 im Sternbild des Schützen: Der langbelichtete fotografische Film enthüllt feinste Strukturen und registriert dazu in der Umgebung zahlreiche schwache Milchstraßensterne.

daß es sich fast ausnahmslos um weitentfernte Galaxien, um Milchstraßensysteme ähnlich dem unsrigen, handelt. Durch diese Erkenntnis schob sich der Welthorizont erneut stark nach außen, und die Frage nach dem Anfang und Ende der Welt erschien erstmals unter naturwissenschaftlichen Gesichtspunkten diskutierbar.

Zerlegtes Licht

Eine weitere große Pionierleistung wurzelt in der reichen Wissenschaftsgeschichte des 19. Jahrhunderts: die Erfindung der Spektroskopie. Noch 1835 hatte der französische Naturphilosoph Auguste Comte behauptet, daß es niemals möglich sein werde, etwas über die chemische oder mineralogische Struktur der Sterne zu erfahren. Diese Meinung wurde rasch widerlegt.

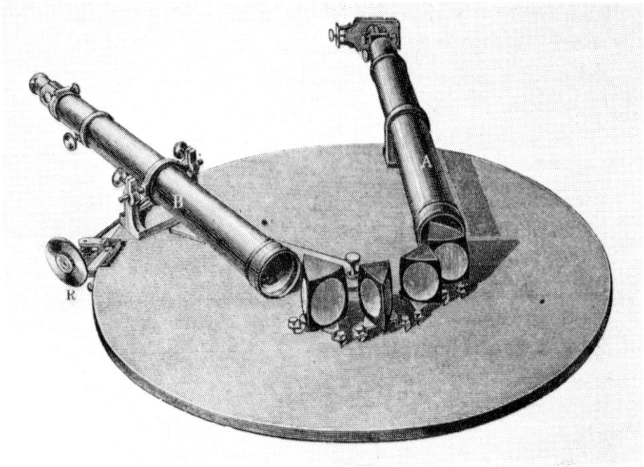

Vier-Prismen-Spektrometer, mit dem Kirchhoff erstmals die genaue Lage von über 2000 Absorptionslinien im Sonnenspektrum bestimmte

Im Jahre 1814 stieß der schon vorhin erwähnte Optiker Joseph von Fraunhofer zufällig auf ein Phänomen, das für die Entwicklung der Stellarastronomie sehr wichtig wurde. Fraunhofer ließ einen Sonnenstrahl durch ein präzis geschliffenes Glasprisma fallen, und als er das dahinter entstandene Farbband, das sogenannte *Spektrum,* näher untersuchte, fielen ihm etliche dunkle Linien auf. Der geniale Optiker ahnte zwar die große Bedeutung dieser Linien, aber erst die beiden Physiker Kirchhoff und Bunsen ergründeten die Ursache der seltsamen «Fraunhoferschen Linien». Sie erkannten, daß jedes chemische Element seine charakteristischen Linien im Spektrum aufwies, und damit wurde es erstmals möglich, konkrete Aussagen über den chemischen Aufbau der Sterne und der Gaswolken im All zu machen. Kirchhoff und Bunsen entwickelten mit dem ersten Spektroskop ein für die «fernchemische» Untersuchung der Gestirne

unentbehrliches Gerät. Mit dessen Hilfe konnte man in der Folge auch erstmals Aussagen über Bewegungsrichtungen, Rotationszeiten und besondere Oberflächenstrukturen der Sterne machen, obwohl selbst im größten Fernrohr kein einziger Stern direkt als räumliches Objekt erscheint.
Gefangenes und zerlegtes Licht – Fotografie und Spektroskopie – sind noch heute sehr wichtige Hilfsmittel der Astrophysik.

Zersplitterung der Astronomie
Im zwanzigsten Jahrhundert erweiterte sich das astronomische Wissen enorm. Schon gegen Ende des neunzehnten Jahrhunderts hatte die Astronomie begonnen, sich in zahlreiche Spezialgebiete aufzusplittern. Diese Entwicklung setzte sich in unserem Jahrhundert fort. Die fotografischen Techniken, die Spektroskopie und weitere Untersuchungsmethoden wurden wesentlich verbessert; neue und größere Beobachtungsinstrumente entstanden in rascher Folge.
1917 konnte das 2,50-Meter-Teleskop der Mount-Wilson-Sternwarte in Betrieb genommen werden. Mit ihm gelang der Vorstoß über die Grenzen unserer Milchstraße hinaus in die ferne Welt der Galaxien. Die 1929 durch den amerikanischen Astrophysiker Edwin P. Hubble entdeckte Rotverschiebung im Spektrum weitentfernter Sternsysteme führte zur Erkenntnis, daß sich das Weltall ausdehnt. Die Folge davon war die Formulierung der «Urknalltheorie», nach der das Weltall aus einem hochkomprimierten «Ur-Ei» explosionsartig entstanden sein könnte.
Einen weiteren Meilenstein bildete das 1948 fertiggestellte Riesenteleskop des Mount-Palomar-Observatoriums. Mit seinem über 20 Tonnen schweren und fünf Meter großen Hauptspiegel blieb dieses Teleskop mehr als zwei Jahrzehnte das mit Abstand größte optische Instrument der Welt und ein unübertroffenes technisches Meisterwerk. Das Palomar-Instrument hat entscheidend zur Erkenntnis beigetragen, daß Galaxien offensichtlich in ganzen Haufen zusammengefaßt sind. Auch unsere Milchstraße gehört zur sogenannten lokalen Gruppe, zu einem Galaxienhaufen, der etwa 20 Mitglieder zählt.

Neue Beziehungen zwischen Raum, Zeit und Materie wurden durch Albert Einstein bis 1920 mit den Relativitätstheorien formuliert. In der Astronomie konnte einiges davon in der Praxis nachgewiesen werden, wie etwa die Lichtablenkung eines Sternes im Schwerefeld der Sonne.
Schließlich zeichnete sich noch vor dem Zweiten Weltkrieg ein neuer wichtiger Forschungszweig ab: 1932 stieß der amerikanische Rundfunkingenieur Karl Jansky auf Radiostrahlung aus dem Weltall und begründete damit die Radioastronomie, die besonders in den sechziger Jahren mit der Entdeckung von Pulsaren und Quasaren Triumphe feierte.
In den frühen siebziger Jahren haben astronomische Forschungssatelliten — so etwa der in Kenia gestartete Satellit «Uhuru» — das zukunftsträchtige Zeitalter der Satellitenastronomie eingeleitet, und erneut wurde Ungeheures aus dem Reich der Sterne bekannt: Das erste mögliche «Schwarze Loch», vielleicht ein zusammengefallener Überrest eines Sternes, wurde gefunden.

Die neue «kopernikanische Wende»

Die moderne Astronomie hat in ihrer jüngsten, besonders stürmischen Geschichte die Grenzen des Alls wenigstens andeutungsweise erkannt; sie ist dank neuer Forschungsmethoden dem Geheimnis der Schöpfung auf die Spur gekommen, ohne sich dabei in philosophische Spekulationen verlieren zu müssen. Fachleute bezeichnen die Erkenntnisse der sechziger und siebziger Jahre als Bestandteil einer neuen «kopernikanischen Wende». Aber die Faszination der Unendlichkeit, die jahrhundertelang die Forschung geprägt hat, ist heute hinter Fakten zurückgetreten. Sehr deutlich zeichnen sich heute Wege ab, die hin zu den elementaren Naturgeheimnissen und zu einem neuen Selbstverständnis des Menschen führen.

Instrumente und Methoden

Praktisch alles, was der Mensch von den Sternen weiß, hat ihm der schnellste Bote im Weltall mitgeteilt: die elektromagnetische Strahlung, vor allem das Licht.
Schon im Altertum wurde über die Natur und die Geschwindigkeit des Lichtes gerätselt; erkannt wurde zunächst lediglich, daß das Licht sich sehr rasch fortbewegt. Olaf Römer, dem in Paris tätigen dänischen Astronomen, gelang es dann im Jahre 1676 erstmals, die Geschwindigkeit des Lichtes zu messen. Mit seiner Meßmethode bestimmte er die Lichtgeschwindigkeit auf 225 000 Kilometer pro Sekunde.
Der moderne Wert, der mit aufwendigen Apparaturen bestimmt wurde, ist: 299 792,4562 km/s ± 1,1 m/s!

Sichtbare und unsichtbare Strahlung
Inzwischen ist man auch der geheimnisvollen Natur des Lichtes auf die Spur gekommen. Man kann heute erklären, wie Licht im atomaren Bereich entsteht; vor allem aber weiß man, daß Licht – physikalisch gesehen – eine *elektromagnetische Welle* ist. Der Nachweis dafür gelang dem Physiker Maxwell schon vor der Jahrhundertwende, nachdem bereits im 17. Jahrhundert Huygens die Wellennatur des Lichtes in Versuchen demonstriert hatte.
Sichtbares Licht ist nur ein winziger Ausschnitt aus dem breiten elektromagnetischen Spektrum, in dem – nach Wellenlängen oder Frequenzen geordnet – verschiedene Wellenarten enthalten sind. Die kürzesten Wellen sind in der sogenannten Gamma-Strahlung vertreten. Ihnen schließen sich Röntgen- und Ultraviolettstrahlen an, und erst dann folgt der optisch wahrnehmbare Teil des Spektrums. Die Wellenlängen des sichtbaren Lichtes betragen etwa 4 zehntausendstel Millimeter beim violetten und etwa 8 zehntausendstel Millimeter beim roten Licht. Zwischen diesen Werten liegen die Wellenlängen der übrigen Spektralfarben, also von Blau, Grün, Gelb und Orange. Am roten, langwelligen Ende des sichtbaren Spektrums

schließt sich der infrarote Bereich an. Infrarotes «Licht» kennen wir besser als Wärmestrahlung, die wir zwar nicht mehr sehen, dafür aber spüren können. Den breitgefächerten Abschluß im elektromagnetischen Spektrum bilden dann die verschiedenen Radiowellen mit Wellenlängen von Millimetern und Zentimetern (Mikrowellen) bis zu Kilometern. In diesem Spektralbereich sind auch die Trägerwellen von Fernsehen und Rundfunk enthalten. Licht- und Radiowellen unterscheiden sich also nur durch die Wellenlänge (und Frequenz), physikalisch gesehen, sind sie das gleiche.
Schon im 18. Jahrhundert haben die Astronomen herausgefunden, daß die Himmelskörper auch in unsichtbaren Bereichen des Spektrums strahlen, und zwar zunächst durch die Entdekkung der infraroten Wärmestrahlung im Sonnenspektrum. Auch die Himmelsfotografie bestätigte zu Beginn unseres Jahrhunderts die Existenz von unsichtbarer Strahlung, denn der fotografische Film zeichnet in der Regel nicht das Bild auf, das auch vom menschlichen Auge wahrgenommen wird. Vor allem ultraviolette Strahlen können eine Fotoplatte schwärzen, und heute sind sogar Fototechniken bekannt, die speziell zur Erfassung von unsichtbaren Spektralbereichen oder einer bestimmten Farbe des Spektrums ausgerichtet sind. Auch die junge Technik der Radioastronomie nutzt die Tatsache aus, daß noch andere Wellen als sichtbares Licht wichtige Informationen aus dem Kosmos enthalten. Allerdings können sie nur mit speziellen Apparaturen empfangen und ausgewertet werden.

Zwei Fenster in der Atmosphäre

Die moderne Wissenschaft hat inzwischen erkannt, daß trotz ausgeklügelter Techniken längst nicht alle Strahlungsarten des Gesamtspektrums in den irdischen Observatorien empfangen werden können — zum Glück für die Vielfalt des irdischen Lebens, denn insbesondere die «harte», kurzwellige Strahlung im Gamma-, Röntgen- und Ultraviolettbereich hätte verheerende biologische Folgen auf unserem Planeten. Grundsätzlich gelangen sogar nur zwei Wellenarten durch sogenannte Fenster im Luftpanzer der Erde zu uns, und zwar zunächst einmal durch das «optische Fenster» die Regenbogenfarben des Spektrums

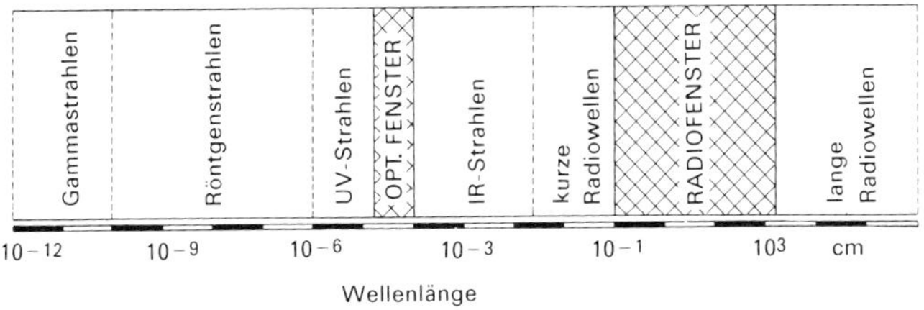

Elektromagnetisches Spektrum mit den beiden «Fenstern» im sichtbaren Licht- und im Radiobereich

und ihre Zusammensetzung: das weiße Licht. Auch für bestimmte Bereiche des Infraroten zeigt sich die Atmosphäre noch durchlässig, doch die hochfrequenten Mikrowellen im Radiobereich werden absorbiert. Erst bei Wellenlängen, die größer als etwa ein Millimeter und kleiner als 20 Meter sind, öffnet sich das «Radiofenster». Längere Radiowellen werden an der elektrisch geladenen Ionosphäre in den Weltraum zurückreflektiert.

Die Astronomen sind natürlich sehr daran interessiert, möglichst alle Strahlungsarten aus dem Weltraum studieren zu können. Um der Filterwirkung der Atmosphäre entgehen zu können, werden deshalb in letzter Zeit vermehrt *Satellitenobservatorien* eingesetzt, wobei insbesondere im Röntgenbereich geradezu sensationelle Ergebnisse erzielt werden konnten.

Die Entwicklung der Fernrohre

Der Wunsch, ein lichtverstärkendes, vergrößerndes Gerät zu bauen, um damit weit entfernte Gegenstände genau untersuchen zu können, ist sehr alt. Doch erst zu Beginn des 17. Jahrhunderts wurde in Holland das Fernrohr erfunden. Galileo Galilei, der italienische Physiker, baute dann im Jahre 1609 ein eigenes Teleskop, mit dem er in die gestirnte Welt vorstieß. Das bescheidene Fernrohr entsprach leistungsmäßig etwa einem modernen Feldstecher. Aber die Entdeckung der Mondkrater, Jupitermonde, Venusphasen und Sonnenflecken, besonders jedoch die verblüffende Erkenntnis, daß die Milchstraße aus

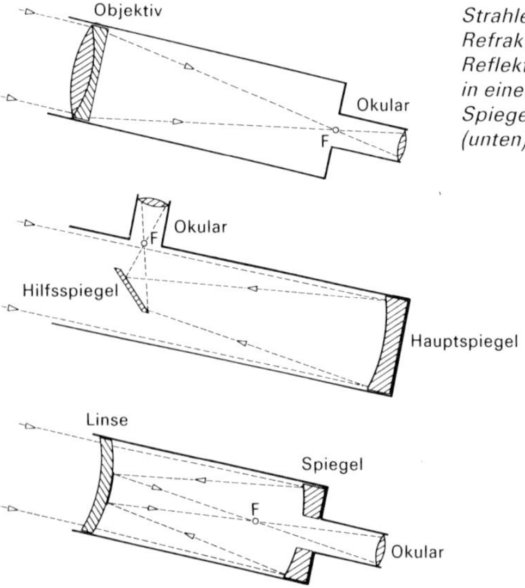

Strahlengang im Refraktor (oben), Reflektor (Mitte) und in einem modernen Spiegellinsensystem (unten)

vielen einzelnen Sternen zusammengesetzt ist, begründeten ein neues Zeitalter in der beobachtenden Astronomie.
Die Teleskope jener Zeit waren denkbar einfach aufgebaut: Eine gewöhnliche Sammellinse als Objektiv bricht die vom weit entfernten Gegenstand ankommenden Lichtstrahlen, vereinigt sie im Brennpunkt, und das dort entstehende seitenverkehrte Bild wird mit dem Okular vergrößert. Noch heute wird dieses Prinzip für den Bau von astronomischen Fernrohren angewendet. Nur werden heute nicht mehr einfache Linsen, sondern

Rechts: Leistungsfähiges 15-cm-Newton-Spiegelteleskop, wie es heute häufig von Amateurastronomen selbst gebaut wird. Im Unterschied zum Linsenfernrohr erfolgt der Einblick bei diesem System am oberen Rohrende.

Kleines Linsenfernrohr mit 50-mm-Objektivöffnung

stets Linsenkombinationen eingesetzt. Damit können die jeder einfachen Linse eigenen Abbildungs- und Farbfehler vermieden werden. Weil das astronomische Fernrohr als bilderzeugende Elemente lichtbrechende Linsen enthält, wird es auch als Linsenfernrohr oder *Refraktor* bezeichnet.

Das Spiegelfernrohr, auch *Reflektor* genannt, geht auf den englischen Gelehrten Isaac Newton zurück (1672). Das Licht vom entfernten Gegenstand durchläuft im Newton-System das Rohr ungehindert und trifft am unteren Rohrende auf einen Hohlspiegel, der es zurückwirft und sammelt. Bevor sich die Lichtstrahlen im Brennpunkt vereinigen können, werden sie durch einen kleinen Hilfsspiegel aufgefangen und rechtwinklig aus dem Rohr hinaus zum Okular geführt.

Moderne optische Systeme vereinigen die Vorteile des Spiegels mit jenen der Linse. Fernrohre mit Spiegel-Linsen-Kombinationen, beispielsweise das Maksutow-System, werden überall dort eingesetzt, wo hohe Ansprüche an Bild- und Farbqualität gestellt werden. Sie eignen sich auch hervorragend für fotografische Zwecke.

Himmelsfotografie

Die Entwicklung der Himmelsfotografie begann in der Zeit vor 1850 mit ersten Sonnen- und Mondaufnahmen. Zwei entscheidende Vorzüge machen die Fotografie zu einem unentbehrlichen Hilfsmittel des Astronomen: Einerseits zeichnet die Fotografie ein Objekt so auf, wie es sich auch in Wirklichkeit präsentiert; sie läßt sich nicht so leicht täuschen wie das menschliche Auge und bietet deshalb objektive Anhaltspunkte für weitere Untersuchungen. Andererseits kann die Fotografie schwache Lichteindrücke enorm verstärken, sofern sie eine gewisse Zeit auf die gleiche Stelle der fotochemischen Schicht einwirken können. Diese Eigenschaft ermöglicht zum Beispiel, weitentfernte Galaxien zu fotografieren, obwohl das menschliche Auge selbst mit dem größten Fernrohr keine Spur von ihnen wahrzunehmen vermag. Dazu können fotografische Spezialfilme auf einen ganz bestimmten Farbbereich empfindlich gemacht werden. Der Fachmann bezeichnet derartige Filme als spektroskopische Emulsionen. Wird nun das gleiche Himmelsobjekt mehrmals mit verschiedenen Filmen, also beispielsweise mit einem rot-, blau- und grünempfindlichen Material fotografiert, so können nachträglich sehr exakte Angaben über die Farben des entsprechenden Objektes gemacht oder sogar naturgetreue Farbbilder im Labor zusammengestellt werden. Das Umschlagfoto dieses Buches zeigt ein derartiges, aus Schwarzweißaufnahmen erstelltes Farbbild.

Die Himmelsfotografie ist ein sehr vielseitiges Handwerkszeug des Astronomen geworden. Sie ermöglicht heute die Verlagerung der umfangreichen und zeitraubenden Auswertearbeiten aus dem Observatorium heraus zum Schreibtisch oder zu den Laborgeräten des Astronomen. So kann die Kapazität der teuren Beobachtungsinstrumente erheblich besser genutzt werden.

Fotografische Filme – in der Regel auch handelsübliche – sehen die Welt in anderen Farben als das menschliche Auge. Normale Fernrohre, wie sie für visuelle Beobachtungen gebaut

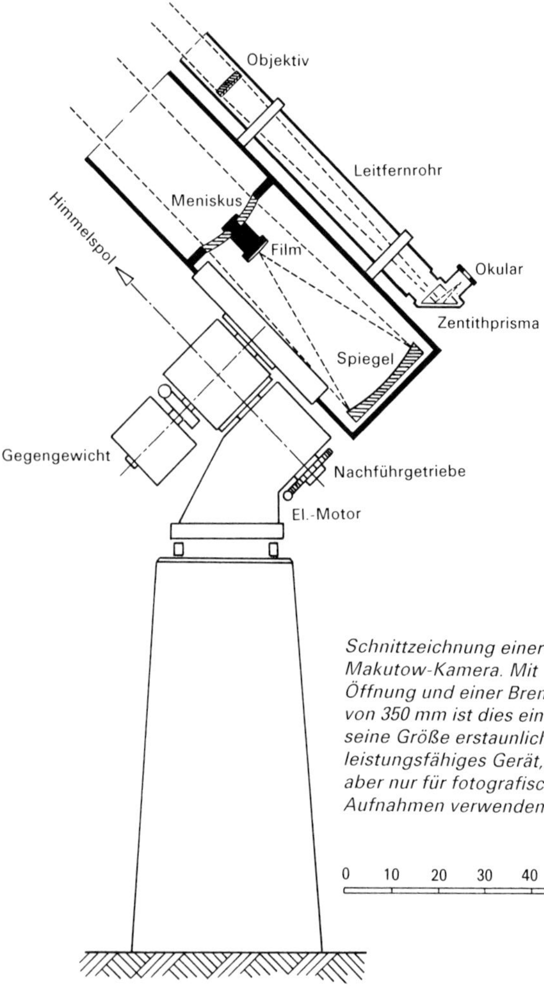

Schnittzeichnung einer Makutow-Kamera. Mit 150 mm Öffnung und einer Brennweite von 350 mm ist dies ein für seine Größe erstaunlich leistungsfähiges Gerät, das sich aber nur für fotografische Aufnahmen verwenden läßt

0 10 20 30 40 50 cm

werden, eignen sich daher nur selten für fotografische Aufnahmen, was zur Entwicklung von speziellen fotografischen Fernrohren, sogenannten Astrokameras, geführt hat.
Die Optik von modernen Astrokameras besteht heute meist aus Spiegel-Linsen-Kombinationen, die eine hohe Abbildungsschärfe und minimale Farbfehler garantieren. Das bekannteste Kamerasystem für astronomische Zwecke ist die Schmidt-Kamera. Sie besticht durch ihr großes Gesichtsfeld und ihre hohe Abbildungsgüte auch in den Randzonen. Für kleinere Aufnahmegeräte genügen einfacher aufgebaute und daher billigere Systeme.
Sehr wichtig ist bei einer Himmelskamera eine stabile und präzise Montierung und ein spezielles Nachführsystem. Meist muß ja das Licht ferner Welten Minuten oder Stunden auf den Film einwirken können. Und da sich die Sterne durch die Erdrotation scheinbar über das Himmelsgewölbe bewegen, soll die Nachführeinrichtung das Instrument stets exakt auf die gleiche Himmelsstelle gerichtet halten. Nur so können punktförmige Sternabbildungen gewonnen werden. In großen Observatorien geschieht dies heute mit vollautomatischen elektronischen Vorrichtungen, die selbsttätig auch minimale Abweichungen feststellen und über mechanische Systeme ausgleichen.
Für kleinere Kameras, wie sie beispielsweise von Amateurastronomen eingesetzt werden, lohnt sich dieser teure Aufwand meist nicht. Die Laufgenauigkeit des Instrumentes kontrolliert dort noch der Beobachter mit einem kleinen Leitfernrohr, das parallel auf der Kamera aufgesetzt ist. Mehr über dieses fesselnde Hobby findet der interessierte Leser im Hallwag-Taschenbuch 108, Himmelsfotografie.

Spektroskopie

Selbst in den größten Fernrohren zeigen sich die Sterne immer als dimensionslose Lichtpunkte. Daß man dennoch sehr präzise Angaben über ihre Eigenschaften und Besonderheiten machen kann, verdanken wir der Spektroskopie.
Schon Isaac Newton bemerkte Ende des 17. Jahrhunderts, daß mit einem Glasprisma das weiße Sonnenlicht in farbige Bestandteile zerlegt werden kann. Das so erzeugte farbige Licht-

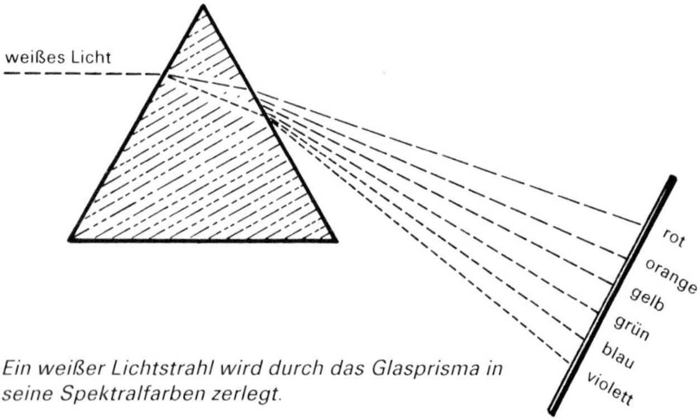

Ein weißer Lichtstrahl wird durch das Glasprisma in seine Spektralfarben zerlegt.

Sonnenspektrum nach Fraunhofer mit den nach ihm benannten dunklen Absorptionslinien

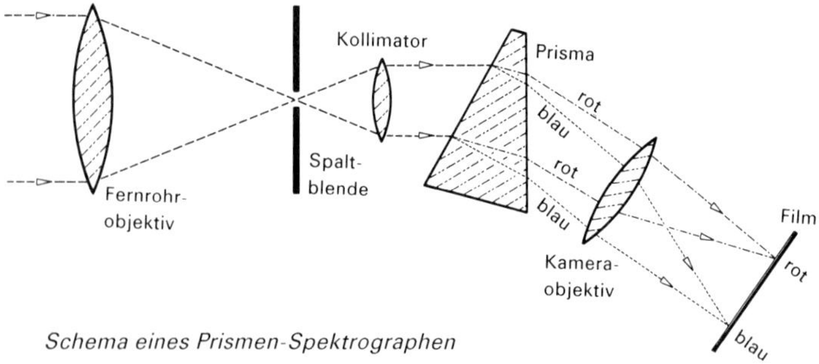

Schema eines Prismen-Spektrographen

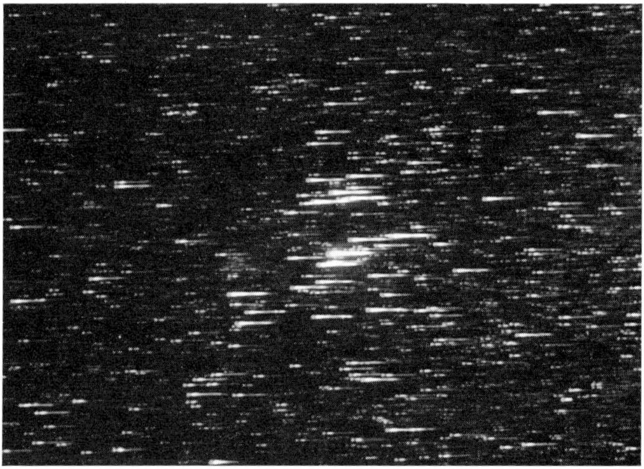

Objektivprismenaufnahme des offenen Sternhaufens IC 2602. Das Licht jedes Sternes ist zu einem kleinen Spektralband auseinandergezogen

band nannte Newton «Spektrum», nach dem lateinischen *spectrum* (Geisterbild).

1814 entdeckte dann Joseph von Fraunhofer die heute nach ihm benannten feinen, dunklen Linien im Spektrum, und die beiden Physiker Kirchhoff und Bunsen wiesen nach, daß jede dieser Linien zu einem ganz bestimmten chemischen Element gehört. Um die Lage dieser Linien ganz genau ausmessen zu können, entwickelten die beiden das *Prismenspektrometer.* Wird das durch das Prisma erzeugte Spektrum direkt auf eine fotografische Platte oder einen Film projiziert, so wird das Spektrometer zum *Spektrographen.*

Auch mit einem weiteren, heute sehr verbreiteten Verfahren kann das zerlegte Licht von Sternen untersucht werden: mit dem Objektivprisma. Hier wird ein Prisma direkt vor dem Objektiv einer Astrokamera angebracht; die punktförmigen Sterne

erscheinen dadurch auf der Fotoplatte jeweils als kurze auseinandergezogene Spektralbänder. Das Objektivprisma eignet sich deshalb gut für großflächige Untersuchungen, beispielsweise an Sternhaufen.
Schließlich können auch mit fein geritzten Strichgittern durch Lichtbeugung Spektren erzeugt werden, doch das verbreitetste System bleibt der Prismenspektrograph in Verbindung mit einem großen Fernrohr.

Gase und ihre chemische Zusammensetzung

Jeder glühende feste Körper, also zum Beispiel der Leuchtwendel einer Glühlampe, zeigt ein linienloses, kontinuierliches Farbspektrum, das mit fließenden Übergängen von Violett bis Rot reicht. Anders sieht es dagegen bei glühenden Gasen aus. Läßt man ihr Licht durch ein Spektroskop fallen, so zeigt sich kein zusammenhängendes Farbband, sondern nur einzelne leuchtende Emissionslinien, die der chemischen Zusammensetzung des Gases entsprechen. So können sowohl heiße Gase in einem chemischen Laboratorium als auch riesige Gaswolken im Weltall beobachtet und auf ihre Zusammensetzung untersucht werden.
Sterne verhalten sich nun bezüglich Strahlung ähnlich wie feste Körper. Obwohl sie riesige glühende Gasmassen sind, erscheinen ihre Emissionslinien durch die Häufigkeit verschiedener Elemente und durch den hohen Innendruck zum Kontinuum «verschmiert». Doch sind bei genauer Betrachtung der Sternspektren deutlich feine Linien festzustellen, die aber dunkel erscheinen. Diese Erscheinung kann so erklärt werden: Sterne – auch unsere Sonne – sind in ihrem Innern zwar sehr heiß, doch sinkt bis in die äußersten Randzonen sowohl die Temperatur als auch der Druck. Diese kühleren Randzonen absorbieren nun von der Strahlung der darunterliegenden Schichten immer genau die farbigen Linien jener Gase, die bereits in der Sternhülle enthalten sind. Anstelle der farbigen erscheinen so im Sternspektrum die schwarzen Linien. Ein solches Spektrum wird Absorptionspektrum genannt.
Aber nicht nur die chemische Zusammensetzung der Sterne und ferner Gaswolken kann mit Hilfe der Spektroskopie ent-

schlüsselt werden, auch Aussagen über Bewegungen sind durch den sogenannten *Doppler-Effekt* möglich. Er äußert sich in Linienverschiebungen im Spektrum und kann recht anschaulich mit einem Beispiel aus dem Alltag erklärt werden: Ein Auto nähert sich mit hoher Geschwindigkeit einem ruhenden Beobachter am Straßenrand und fährt mit unverminderter Geschwindigkeit an ihm vorbei. Der Beobachter hört das Motorgeräusch des Fahrzeugs anschwellen, doch sobald das Auto auf gleicher Höhe ist, sinkt die Tonhöhe schlagartig. Diese merkwürdige Erscheinung erklärt sich daraus, daß die Schallwellen durch die Eigengeschwindigkeit des Fahrzeuges «zusammengedrückt» werden, solange sich das Auto auf den Beobachter zu bewegt, bzw. «auseinandergezogen», wenn es sich wieder entfernt. Es erfolgt also eine *Frequenzänderung* der Schallwellen auf der Höhe des Beobachters. Der gleiche Effekt ist auch beim Licht festzustellen: Entfernt sich ein Stern oder eine Galaxie von uns, so werden auch die Lichtwellen scheinbar gedehnt, und dies äußert sich im Spektroskop durch eine Linienverschiebung nach dem roten Ende hin. Nähert sich uns ein Gestirn, so scheinen die Spektrallinien nach Blau verschoben. Da alle weit entfernten Galaxien eindeutig eine Rotverschiebung erkennen lassen, kann man auf eine Ausdehnung des Universums schließen — dies ist wohl die wichtigste Erkenntnis, die durch den Doppler-Effekt gewonnen wurde. Doch läßt sich auch im kosmischen «Nahbereich» der Doppler-Effekt sinnvoll anwenden, beispielsweise um die Rotationszeiten der Sterne zu bestimmen.

Radioastronomie

Seit 1932 weiß man, daß es am Himmel zahlreiche außerirdische Radiosender gibt. Doch erst nach dem Zweiten Weltkrieg begann man, zunächst noch mit bescheidenen Geräten aus Kriegsbeständen, intensiv nach kosmischen Radioquellen zu suchen. In den Jahren nach 1950 entstanden dann die ersten eigentlichen Radioteleskope — hochempfindliche Antennen- und Empfangsanlagen, die ausschließlich zur Erkundung von außerirdischen Radiosignalen gebaut wurden. Verbesserte Empfangsanlagen, verfeinerte Beobachtungstechniken und beson-

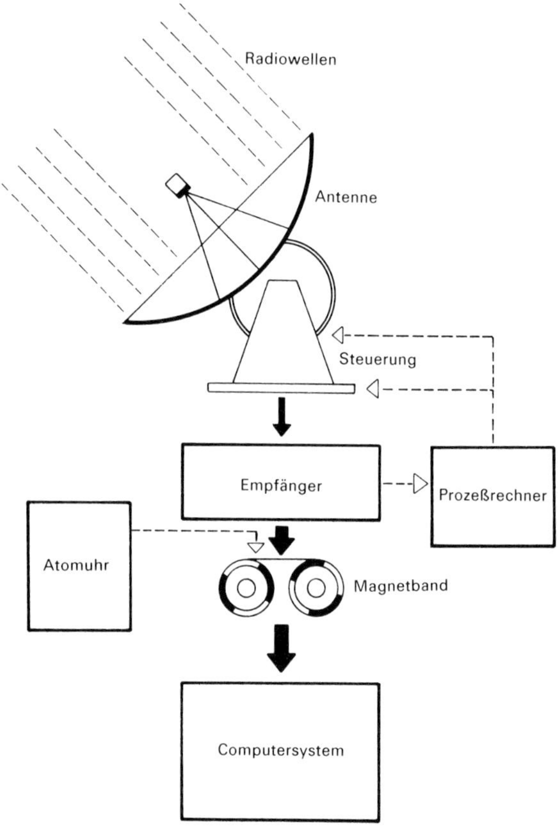

Funktionsschema eines modernen Radioteleskopes: Die schwachen Radiosignale aus dem Weltall werden durch die Antenne aufgenommen und über Kabelverbindungen zum Verstärker geführt. Die verstärkten Signale werden dann – wenn nötig zusammen mit Zeitmarken aus der Atomuhr – auf Magnetband aufgezeichnet und anschließend im Computerzentrum ausgewertet. Die genaue Steuerung der Antenne übernimmt ein vollautomatisch arbeitender Prozeßrechner

Das 100-Meter-Radioteleskop des Max-Planck-Institutes für Radioastronomie, das in Effelsberg (BRD) steht

ders die enormen Fortschritte der Elektronik und der Datenverarbeitung führten die Radioastronomie der 60er Jahre zu großen Erfolgen. Neue und wichtige Erkenntnisse über den Bau und die Größe des Universums wurden dadurch gewonnen.
Das größte vollbewegliche Radioteleskop — ein technisches Meisterwerk moderner Ingenieurkunst — steht bei Effelsberg in der Nähe von Bonn. Es wurde 1972 dem Betrieb übergeben und hat inzwischen die enormen Baukosten mehr als gerechtfertigt. Hundert Meter mißt die riesige schalenförmige Parabolantenne, deren Oberfläche maximal einen Millimeter von der Idealgestalt abweicht. Dank dieser hohen Genauigkeit können mit dem Effelsberger Radioteleskop auch kurzwellige Radiowellen aus sehr großen Distanzen empfangen werden. Etwa 12 Milliarden Lichtjahre — das sind 1,2 mal 10^{23} Kilometer — beträgt die Reichweite des 3200 Tonnen schweren Giganten von Effelsberg.

Einer der Beobachtungsschwerpunkte der radioastronomischen Forschung ist die Linienspektroskopie. Das Radioteleskop wird dabei als Spektrograf im Radiobereich eingesetzt und die interstellare und intergalaktische Materie nach atomaren und molekularen Bestandteilen abgesucht. Schon 1951 wurde das Element Wasserstoff – es «sendet» auf der 21-cm-Welle – in kosmischen Gasen nachgewiesen; inzwischen wurden die Untersuchungsmethoden derart verfeinert, daß man bereits mehrere komplizierte organische Moleküle im Weltraum aufgefunden hat. Da organische Verbindungen als Grundbausteine des Lebens betrachtet werden, ist die Suche nach ihnen besonders aufregend. Eine spektakuläre Entdeckung mit dem Effelsberger Teleskop gelang einem internationalen Wissenschaftlerteam im Frühjahr 1977: Im System IC 133 in der Nähe der Galaxis M 33 wurde erstmals außerhalb unserer Milchstraße Wasserdampf nachgewiesen und damit die schon früher gehegte Vermutung bestätigt, daß auch in den benachbarten Sternsystemen ähnliche physikalische Verhältnisse herrschen wie in unserer Milchstraße.

Pulsare und Quasare sind Radiosender

Ein weiteres, intensiv gepflegtes Arbeitsgebiet der Radioastronomen sind die Untersuchungen an Neutronensternen; manche von ihnen werden aufgrund von sekundenschnellen pulsierenden Radioemissionen auch «Pulsare» genannt. 1967 wurde ein

Pulsarbeobachtung mit dem 100-Meter-Radioteleskop: Das Bild zeigt Aufzeichnungen des Pulsars CP 0329, der mit einer Periode von 0,7145189909 (!) Sekunden Radioimpulse aussendet. Diese Beobachtung erfolgte bei 11 cm Wellenlänge. In der unteren Linie sind Zeitmarken der Atomuhr festgehalten

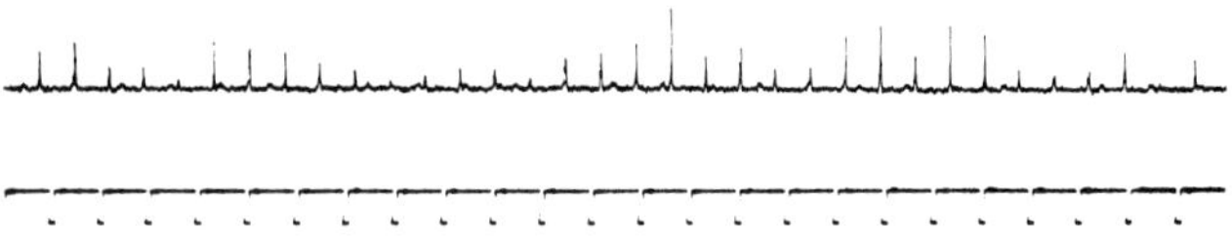

MPIfR 100-m-Teleskop CP 0329 11 cm

englisches Team erstmals auf diese merkwürdigen Objekte aufmerksam, und bis heute nimmt man an, daß es sich bei den Pulsaren um extrem kleine Sterne handelt, die am Ende ihres langen Sternenlebens angelangt sind. Als zusammengeballter Überrest einer gewaltigen Sternkatastrophe (Supernova) erreicht die Materiedichte im Innern eines Pulsars unglaubliche Werte: Ein einziger Kubikzentimeter Pulsarmaterie dürfte rund eine Million Tonnen wiegen!

Während Pulsare verhältnismäßig «nahe» Objekte sind, droht die moderne Quasarforschung — auch sie ein Hauptarbeitsgebiet der Radioastronomie — die Grenzen des gegenwärtigen Weltbildes zu sprengen. Quasar steht übrigens als Abkürzung für quasistellare (sternartige) Objekte. Aufgrund der festgestellten, sehr ausgeprägten Rotverschiebung muß es sich um sehr weit entfernte Objekte handeln. Daß sie dennoch beobachtet werden können, läßt sich am glaubwürdigsten aus extrem starker Energieabstrahlung erklären. Quasare sind möglicherweise zusammenfallende Galaxien am Rand des Universums, doch ist dies nur ein Erklärungsversuch von vielen. Im Zusammenhang mit Quasaren blieb nämlich bis dahin fast alles unerklärlich.

Der große Vorteil der Radioastronomie liegt vor allem in der enormen Reichweite der Instrumente, die bei weitem die Kapazität der optischen Geräte übersteigt. Im All dringen Radiowellen auch durch optisch undurchdringliche Gas- und Staubwolken, so daß im Radiobereich Untersuchungen an Objekten durchgeführt werden können, die sich hinter derartigen Wolken verborgen halten.

Ortung von Radioquellen dank «Antennensynthese»

Ein großer Nachteil der Radioteleskope lag bis vor kurzem in der geringen Auflösungskraft der Instrumente. Es war bisher nicht möglich, eine punktförmige Radioquelle am Himmel genau zu lokalisieren, was aber für die Erforschung von Pulsaren und Quasaren unbedingt erforderlich ist. Mit dem neuentwickelten Verfahren der «Antennensynthese» wird aber heute sogar die Auflösungsstärke von optischen Teleskopen weit übertroffen. Dabei werden zwei räumlich getrennte Radioteleskope

auf das gleiche Beobachtungsobjekt gerichtet, die Radiosignale zusammen mit Zeitmarken einer hochpräzisen Atomuhr auf Magnetband aufgezeichnet und in einem Computer gemeinsam ausgewertet. Unter Ausnutzung der Erdrotation wird so mit zwei Instrumenten ein einziges, riesengroßes Radioteleskop simuliert und die Auflösungsstärke extrem gesteigert. Mit der «Very Long Baseline Interferometry», wie dieses Verfahren in der Fachsprache heißt, wird es möglich, Beobachtungsobjekte von der Ausdehnung einer tausendstel Bogensekunde noch zu lokalisieren. Zum Vergleich: Ein kleines Geldstück erscheint in 4000 Kilometern Entfernung unter diesem Winkel!
Die Zukunft der erdgebundenen Astronomie gehört aus diesen Gründen ohne Zweifel der Radioastronomie: Der Radioastronom weiß heute, daß sich ihm auch künftig noch ein weites Arbeitsfeld eröffnet.

Satelliten erforschen Röntgenquellen im All

Gamma- und Röntgenstrahlen aus dem Weltall können auf der Erde nicht empfangen werden, weil sie die irdische Lufthülle wie ein Schutzschild zurückhält. Doch bereits 1948 gelang es mit einer amerikanischen Höhenrakete, die über die Erdatmosphäre hinausgeschossen wurde, kosmische Röntgenstrahlung nachzuweisen. In den frühen sechziger Jahren wurden mit ersten Forschungssatelliten weitere erfolgreiche Versuche durchgeführt: OSO 1, ein speziell für die Sonnenforschung entwikkelter Satellit, lieferte 1962 erste konkrete Ergebnisse über längere Zeit. Im gleichen Jahr wurde auch die erste kosmische Röntgenquelle außerhalb unseres Sonnensystems nachgewiesen: Sco X-1 im Sternbild Skorpion. Doch vorläufig boten sich noch große technische Schwierigkeiten, und der Durchbruch der Röntgenastronomie gelang eigentlich erst mit dem 1970 gestarteten Satelliten «Uhuru». Mit diesem außerordentlich erfolgreichen Gerät wurden in systematischer Suche über 150 einzelne Röntgenquellen am Himmel lokalisiert und ihre Strahlungsintensität gemessen.
Ein besonders interessantes Röntgenobjekt fand Uhuru im Sternbild Schwan: Cyg X-1. Nachdem 1973 ein weiterer Rönt-

Die 1970 in Kenia gestartete amerikanische Instrumentensonde UHURU war sehr erfolgreich. Ihre hochempfindlichen Röntgendetektoren konnten am Himmel über 150 kosmische Röntgenquellen lokalisieren

gensatellit (Copernicus) die Lage dieser Strahlungsquelle noch genauer bestimmt hatte, richteten auch die Astronomen auf der Erde ihre Teleskope auf die fragliche Himmelsstelle. Zu ihrer nicht geringen Überraschung stellten sie dort einen weißen Riesenstern mit mindestens zwanzigfacher Sonnenmasse fest.

«Schwarze Löcher» als Röntgenquellen

Aus Taumelbewegungen dieses Sternriesen konnten die Astronomen auf einen unsichtbaren Begleiter schließen, der offensichtlich mit der Röntgenquelle identisch war. Um aber einen derart riesigen Stern aus seiner Bahn zu werfen, muß auch der unsichtbare Begleiter wenigstens dreifache Sonnenmasse haben. Trotzdem blieb er unsichtbar. Diese Erkenntnis führte dann zur vielbeachteten Theorie, der geheimnisvolle Begleiter könne ein «Schwarzes Loch» sein, also eines jener rätselhaften

Phänomene, die von der theoretischen Astrophysik schon vor Jahren vorausgesagt worden waren. Im «Schwarzen Loch» wäre die Materie derart dicht gepackt, daß durch das ungeheure Schwerefeld keinerlei Strahlung aus ihm entweichen könnte. Die Existenz eines derartigen Materiepaketes ließe sich deshalb nur durch indirekte Beobachtungen nachweisen, beispielsweise – und dies trifft bei Cyg X-1 zu – durch Bahnstörungen eines benachbarten Riesensternes und durch die starke Energieabstrahlung im Röntgenbereich.
Weitere galaktische Röntgenquellen wurden inzwischen identifiziert; darunter scheinen auch manche Überreste von Supernovae im Röntgenbereich zu strahlen. Eine der stärksten Röntgenquellen verbirgt sich im «Crabnebel», der eindeutig als Rest einer im Jahre 1054 erfolgten Sternexplosion erkannt worden ist. Große Diskussionen lösten Röntgenquellen aus, die offen-

Der Röntgenhimmel nach Aufzeichnungen der UHURU-Mission: Stark strahlende Röntgenobjekte wurden in den Sternbildern Schwan, Skorpion und Stier gefunden. Auffällig ist ferner die starke Konzentration von hellen Röntgenquellen in der galaktischen Ebene. Etwa 90 der auf dieser Karte verzeichneten Röntgenquellen sind mit optischen Objekten identisch

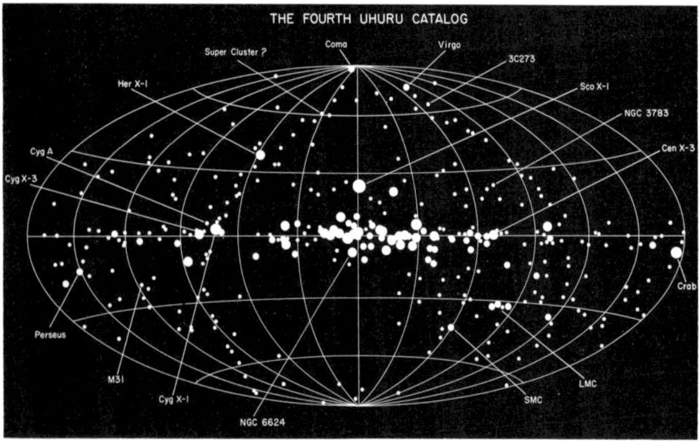

Zeichnung der Röntgenquelle Cyg X-1: Ein weißer Riesenstern und möglicherweise ein «Schwarzes Loch» umlaufen sich in einem gigantischen kosmischen Tanz

bar im Zentrum von Kugelsternhaufen eingebettet liegen, doch auch hier scheint möglicherweise ein «Schwarzes Loch» die Ursache zu sein.
Rätselhaft scheinen ferner extragalaktische Röntgenquellen zu sein, darunter befinden sich vor allem außergewöhnliche Galaxien vom Seyfert-Typ, Quasare und neuerdings sogar Galaxienhaufen. Hier sucht die Wissenschaft noch nach Erklärungen, doch hat die Satellitenastronomie bereits in der kurzen Zeit ihres Bestehens völlig neue Perspektiven in der Astronomie eröffnet. Weitere Satelliten sollen mit verbesserten Empfangsanlagen schon in den nächsten Jahren gestartet werden. Die bis heute erzielten, unerwarteten Ergebnisse haben große Hoffnungen geweckt, und künftige Forschungen werden zweifelsohne mit weiteren Überraschungen aufwarten.

Sternbilder

Schätzungsweise 5000 Sterne sind an unserem Himmel mit dem bloßen Auge sichtbar. Doch der Laie, der sich am Himmel zurechtfinden möchte, wird zunächst im Gewimmel der vielen Lichtpunkte auf beträchtliche Schwierigkeiten stoßen. Auch die alten Völker kannten dieses Problem, und sie lösten es, indem sie auffällige und hellere Sterne willkürlich zu Gruppen, zu *Sternbildern,* zusammenfaßten und nach Figuren aus ihrer Sagenwelt benannten. Die heute gebräuchlichen Sternbilder am nördlichen Himmel gehen auf die altgriechische Mythologie zurück; trotz verschiedener Reformbemühungen sind sie seit mehr als 2000 Jahren unverändert in Gebrauch und belegen die traditionsreiche Vergangenheit der Astronomie. Die Namen der meisten Sterne jedoch haben ihren Ursprung in der arabischen Kultur – aber auch sie werden heute noch zum Teil verwendet.

Der Große Himmelswagen und seine Bedeutung
Als bekanntestes Sternbild gilt wohl der *Große Himmelswagen,* der einen Teil des Großen Bären darstellt (vgl. Abb.). In fast allen Kulturen hat diese auffällige Formation, die in Mitteleuropa als «zirkumpolares Sternbild» nie unter den Horizont sinkt, die Fantasie der Sternkundigen beschäftigt. Unsere heutige Deutung geht auf die Germanen zurück, die in den sieben hellen Sternen den Wagen Wotans erkennen wollten. Sieben Ochsen vor einem Pflug sahen die römischen Gelehrten, und drei wehklagende Weiber, die einer Totenbahre folgen, entsprach der Vorstellung der Araber. Die Auslegung der Griechen gründet, wie übrigens die aller Sternbilder, in einer reizvollen Geschichte aus der reichhaltigen und fantasievollen Welt der griechischen Götter, die oft so menschliche Züge zeigten. Und so soll, gemäß der Sage, die Gattin des Göttervaters Zeus eine Geliebte ihres Mannes aus Eifersucht in eine Bärin verwandelt und an den Himmel verbannt haben. Der Große Bär wäre demzufolge eine Bärin.
Der Große Himmelswagen eignet sich hervorragend als Orientierungshilfe, mit der sehr leicht der Polarstern und damit die

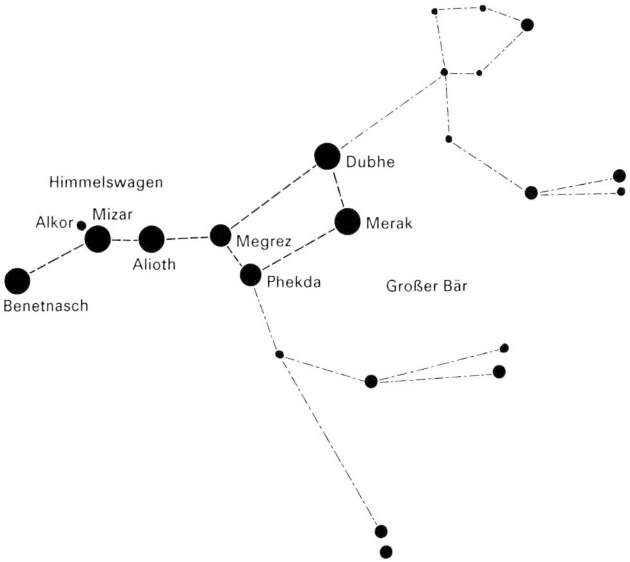

Das bekannte Sternbild des Himmelswagens ist ein Teil des Großen Bären

Nordrichtung auf der Erde gefunden werden kann: Wird nämlich die Strecke zwischen den beiden Sternen der hinteren Ladewand des Großen Wagens fünfmal verlängert, so stößt man auf den recht hellen *Polarstern,* der fast genau im nördlichen Himmelspol steht und dort die Drehachse des Himmels markiert. Auch die Jahreszeiten können an der jeweiligen Stellung des Himmelswagens abgelesen werden (Abb. S. 48).
Wie findet man sich nun aber am Himmel zurecht? Der Große Himmelswagen ist ja nur eines von vielen Sternbildern. Sterne gehen bekanntlich in unseren Breiten wie Sonne und Mond am Osthimmel auf, laufen über das Himmelsgewölbe und ziehen sich im Westen wieder unter den Horizont zurück. Die Ausnahme bilden dabei die polnahen, zirkumpolaren Sternbilder.

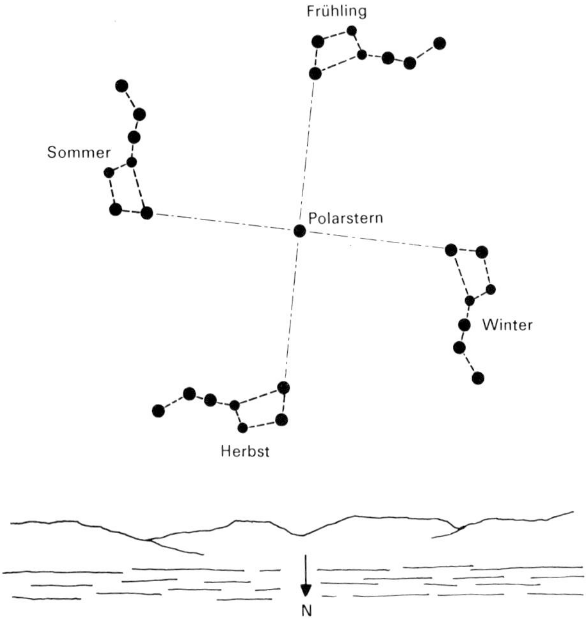

Am Abendhimmel kann an der jeweiligen Stellung des Himmelswagens die Jahreszeit abgelesen werden

Also steht nur ein Teil aller Sternbilder jeweils über dem Horizont, und deshalb hat es auch wenig Sinn, wenn ein Anfänger sich mit einer Gesamtsternkarte am Himmel zu orientieren sucht – er findet sich kaum zurecht.

Ein gut bewährtes Hilfsmittel ist aber die *drehbare Sternkarte.* Sie besteht aus einer kreisförmigen Scheibe, auf der alle Sternbilder eingetragen sind und die am Rand mit einer Datumskala versehen ist. Ein drehbares Deckblatt mit dem Horizontausschnitt und einer Zeitskala am Rand gestattet nun, den sichtba-

Polnahe Sterne, aufgenommen mit ruhender Kamera

ren Himmelsausschnitt für jeden Tag und Stunde des Jahres genau einzustellen. Mit der drehbaren Sternkarte ist es deshalb leicht, sich am Himmel zurechtzufinden und alle Sternbilder — auch die schwächeren — am Himmel aufzusuchen.

Doch eines sei nochmals klargestellt: Sternbilder sind willkürliche Gruppierungen von Sternen, die in Wirklichkeit nicht zusammengehören. Auch die Entfernungen der einzelnen Sterne innerhalb einer Formation sind natürlich sehr unterschiedlich. Ein heller Stern steht nicht zwangsläufig näher bei uns als ein Stern, den wir gerade noch mit bloßem Auge erkennen können.

Bekannte Sternbilder an unserem Himmel

deutscher Name	lateinischer Name	Abk.	Name des Hauptsternes
Adler	Aquila	AQL	Atair
Andromeda	Andromeda	AND	Sirrah
Bärenhüter	Bootes	BOO	Arktur
Kassiopeia	Cassiopeia	CAS	Schedir
Delfin	Delphinus	DEL	Svalocin
Drache	Draco	DRA	Thuban
Fische*	Pisces	PSC	Alrisha
Fuhrmann	Auriga	AUR	Capella
Großer Bär	Ursa Maior	UMA	Dubhe
Großer Hund	Canis Maior	CMA	Sirius
Haar der Berenike	Coma Berenices	COM	Diadem
Herkules	Hercules	HER	Ras Algethi
Jungfrau*	Virgo	VIR	Spica
Kleiner Bär	Ursa Minor	UMI	Polaris
Kleiner Hund	Canis Minor	CMI	Procyon
Krebs*	Cancer	CNC	Acubens
Krone	Corona Borealis	CRB	Gemma
Leier	Lyra	LYR	Wega
Löwe*	Leo	LEO	Regulus
Orion	Orion	ORI	Beteigeuze
Pegasus	Pegasus	PEG	Markab
Perseus	Perseus	PER	Algenib
Rabe	Corvus	CRV	Alchita
Schütze*	Sagittarius	SGR	Alrami
Schwan	Cygnus	CYG	Deneb
Skorpion*	Scorpius	SCO	Antares
Steinbock*	Capricornus	CAP	Gredi
Stier*	Taurus	TAU	Aldebaran
Waage*	Libra	LIB	Zuben el dschenubi
Walfisch	Cetus	CET	Menkar
Wassermann*	Aquarius	AQR	Sadalmelek
Wasserschlange	Hydra	HYA	Alfard
Widder*	Aries	ARI	Hamal
Zwillinge*	Gemini	GEM	Castor

* Tierkreissternbilder

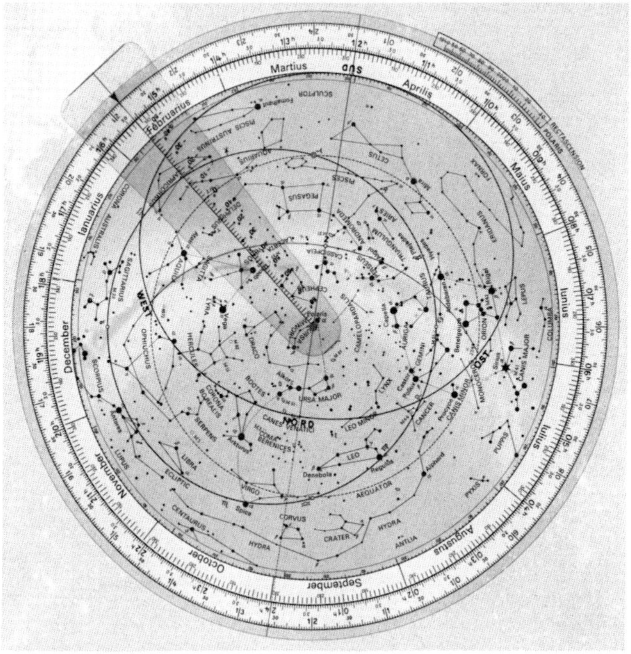

Die «Kleine Sirius-Sternkarte», die im Hallwag Verlag erschienen ist, leistet für eine erste Orientierung am Sternenhimmel ausgezeichnete Dienste. Die Karte wird jeweils mit Hilfe der Randskala auf den gewünschten Zeitpunkt eingestellt und zeigt dann im oval begrenzten Ausschnitt die am Himmel sichtbaren Sternbilder sowie einige lohnende Objekte für den Instrumentenbeobachter.

Bemerkungen zur Sonne

Der nächste Stern ist im Mittel rund 150 Millionen Kilometer – etwa acht Lichtminuten – von uns entfernt und gehört mit seinem Durchmesser von immerhin 1,4 Millionen Kilometern seltsamerweise zu den kleineren Sternen. Ein «Gelber Zwerg», sagen die Astronomen, wenn sie von unserer Sonne sprechen. Im Vergleich mit anderen Sternen zeichnet sich die Sonne tatsächlich nicht gerade durch aufsehenerregende physikalische Besonderheiten aus. Ihre Eigenschaften scheinen in der Mittelmäßigkeit zu gipfeln, aber die Sonne bildet für die gesamte Vielfalt des irdischen Lebens die unersetzliche, zentrale Energiequelle. Sie liefert die Kraft für das Entstehen und die Weiterentwicklung von Organismen, denn Licht und Wärme sind dazu unabdingbare Grundlagen. Die gezielte Ausnutzung der Sonnenenergie könnte für die Deckung des ständig wachsenden Energiebedarfes bei den beschränkten Energievorräten auf unserem Planeten noch sehr bedeutend werden. Die Forschung ist jedenfalls bemüht, die Sonnenenergie mit neuen Technologien besser zu erschließen.

Die Sonnenforschung gibt viele Rätsel auf

In der Astronomie genießt die Sonnenforschung seit Gründung der Stellarastronomie einen hohen Stellenwert – aus gutem Grund, denn die Sonne ist ja der nächstgelegene Stern. Die vielfältigen Phänomene, die auf ihr – gleichsam in unserer unmittelbaren Nachbarschaft – beobachtet und analysiert werden können, lassen sich auch auf andere Sterne übertragen. Fragen der chemischen Zusammensetzung, der Entwicklung, der Energieerzeugung, der Stabilität und andere mehr wurden alle zunächst bei unserem Heimatstern geprüft; doch auch so bleibt in der Sonnenforschung so manches noch rätselhaft.
Eine der interessantesten Fragen im Zusammenhang mit der Sonne betrifft wohl die Energieerzeugung. Woher stammen die riesigen Energiemengen, die unsere Sonne großzügig und verschwenderisch in den Raum abstrahlt? Die Antwort darauf ist

im atomaren Bereich zu finden: Wie man aus spektroskopischen Untersuchungen weiß, besteht die Sonne zu etwa 75 Prozent aus Wasserstoff, und als zweithäufigstes Element ist Helium mit etwa 23 Prozent vertreten. Zudem herrschen auf der Sonne extreme Temperaturen – rund 5600 Grad an der Oberfläche, und im Sonneninneren werden vermutlich Temperaturen von gegen 15 Millionen Grad erreicht. Bei dieser unvorstellbaren Hitze gelten im atomaren Bereich andere Gesetze. Die Atome, die normalerweise in Molekülen gebunden sind, werden ionisiert, und je vier freie Wasserstoffatome verbinden sich in einem komplizierten Vorgang zu einem Heliumatom. Bei diesem Prozeß – man nennt ihn *«Kernfusion»* – wird Energie freigesetzt, und zwar in beträchtlichen Mengen. Man schätzt, daß der Glutball der Sonne in einer einzigen Sekunde über vier Millionen Tonnen seiner Masse in Energie umsetzt und abstrahlt. Trotzdem hat der riesige Sonnenkörper innerhalb seiner etwa 4,5 Milliarden Jahre dauernden Geschichte bis heute lediglich einige Promille seiner Gesamtmasse durch Energieabstrahlung verloren, und der Brennstoff dürfte für ungefähr weitere drei Milliarden Jahre ausreichen.
Das Prinzip der Kernfusion zur Energieerzeugung ist auch auf der Erde seit mehr als zwei Jahrzehnten bekannt, und zwar – schmerzlich genug – durch die Wasserstoffbombe. Immerhin laufen inzwischen auch friedliche Versuche mit dem Ziel, das so wirksame Energieerzeugungsprinzip der Sonne auch für zivile Zwecke zu nutzen – bisher aber noch ohne Erfolg.

Phänomen Sonnenflecken

Ein sehr interessantes Phänomen auf der brodelnden Sonnenoberfläche bilden die sogenannten Sonnenflecken. Sie treten als dunkle Gebilde fast immer in Gruppen auf, und alle 11 Jahre scheint sich die Fleckenaktivität zu verstärken. Noch im letzten Jahrhundert war keine vernünftige Erklärung dieser Sonnenflecken möglich, doch inzwischen ist man dem Geheimnis wenigstens auf die Spur gekommen: Sehr wahrscheinlich entstehen die Sonnenflecken durch lokal auftretende, starke Magnetfelder, die unterhalb der Sonnenoberfläche den nach außen drängenden Energiestrom aus dem Sonneninnern beeinträchtigen. Die Sonnenflecken erscheinen übrigens nur dunkel, weil sie im Vergleich zur Umgebung etwa um 1500 Grad kühler sind. Doch wie und warum diese Magnetfelder entstehen und weshalb die Sonnenflecken in regelmäßigen Zeitabständen verstärkt auftreten, bleibt auch heute nur unbefriedigend geklärt. Eindrucksvolle Sonnenbeobachtungen können bei totalen Sonnenfinsternissen gemacht werden. Der Mond überdeckt dabei die gleißend helle Sonnenscheibe und gibt dann den Blick auf die sonst überstrahlten äußeren Schichten der Sonnenatmosphäre frei. Die gasförmige Korona reicht bis nahezu 20 Millionen Kilometer in den Raum hinaus und richtet sich nach dem Magnetfeld der Sonne. Auch Protuberanzen, riesige lokale Gasauswürfe auf der Sonnenoberfläche, können bei einer totalen Sonnenfinsternis gesehen werden. Es mag grotesk erscheinen,

«Brennstoff» Wasserstoff

Unter normalen Bedingungen setzt sich ein Wasserstoffatom aus dem positiv geladenen Proton und einem negativ geladenen Elektron zusammen. Das Proton bildet den Atomkern, der vom Elektron auf einer weiten Bahn umkreist wird. Bei sehr hohen Temperaturen — beispielsweise im Sonneninnern — trennt sich das Elektron vom Kern. Zudem rast das entfesselte Proton mit derart hoher Geschwindigkeit umher, daß es selbst die Abstoßungskraft zu einem Partnerproton überwinden kann. So verschmelzen denn je vier Wasserstoffkerne im Fusionsprozeß zu einem Heliumkern.

Betrachten wir diesen Vorgang einmal in Zahlen: Wasserstoffkerne haben die Atommasse 1,008, Heliumkerne eine solche von 4,003. Bei der Kernfusion gilt demnach $4 \cdot 1{,}008 = 4{,}032$, also wird 0,029 oder 0,7 Prozent der Atommasse in Form von Energie abgestrahlt. Man bezeichnet diesen «Verlust» als «Massendefekt», der in der Wasserstoff-Helium-Umwandlung am größten ist.

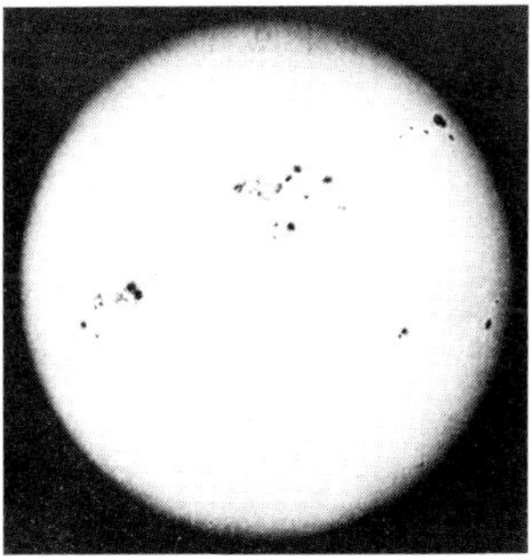

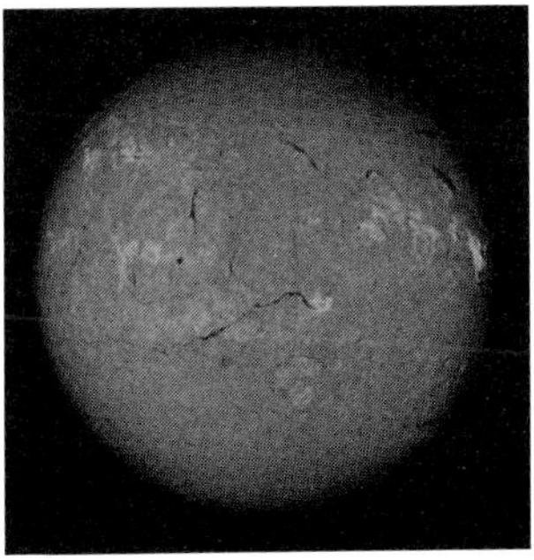

Oben: Totale Sonnenfinsternis vom 30. Juni 1973
Unten links: Sonnenflecken: Dies ist eine der ältesten fotografischen Aufnahmen von unserem Tagesgestirn. Sie wurde am 22. September 1870 vom amerikanischen Fotopionier L. M. Rutherford gewonnen
Unten rechts: Die Sonne, fotografiert im strenggefilterten Licht einer Wasserstofflinie. Bei dieser Aufnahmetechnik zeichnen sich einige Protuberanzen als dunkle Linien vor der körnigen Sonnenoberfläche ab

daß ausgerechnet die verfinsterte Sonne für Forschungen so wertvoll ist, daß internationale Expeditionen oft um den halben Erdball reisen, nur um bei einer totalen Sonnenfinsternis dabeizusein. Aber tatsächlich werden nur bei einer totalen Sonnenfinsternis für ein paar Minuten die äußersten Schichten der Korona sichtbar, und es können dann Aufnahmen von diesem einzigartigen Phänomen gemacht werden, die unter normalen Bedingungen auch mit dem Spezialfernrohr, dem Koronografen, unmöglich sind.

«Sonnenwind»: Gasausbrüche der Sonne

Die Sonne ist ein recht lebhafter und aktiver Stern. Sie sendet in unruhigen Zeiten nicht nur Wellenstrahlung aus, sondern vermehrt auch elektrisch geladene Teilchen. Sie sind als «Sonnenwind» bekannt geworden. Diese Teilchen, die bei Gasausbrüchen von der Sonnenoberfläche in großen Mengen in den Raum hinausgeschleudert werden, gelangen innerhalb weniger Tage zur Erde und zeigen in der irdischen Atmosphäre Auswirkungen. Sie stören das magnetische Feld unseres Planeten, sind verantwortlich für das Entstehen der Polarlichter und lösen manchmal erdmagnetische Stürme aus. Starke Sonnenaktivität kann in Einzelfällen den gesamten interkontinentalen Funkverkehr beeinträchtigen.

Die Welt der Sterne

Kopernikus und seine Zeitgenossen wußten noch nicht so recht, welche Stellung die Sterne im Universum einnehmen. Im begrenzten Blickfeld des frühen heliozentrischen Weltbildes sind deshalb die Sterne noch in einer äußersten Sphäre angesiedelt, und der Begriff «Fixstern» war damals völlig unbestritten. Fix hießen die Sterne, weil sie auch nach Jahrzehnten am gleichen Ort zu leuchten schienen. Auch heute wird noch immer dieser Ausdruck verwendet, obwohl der englische Astronom Edmund Halley bereits im Jahre 1718 bei einzelnen Sternen eine Ortsveränderung seit der Antike festgestellt hatte. Alle Sterne – auch unsere Sonne – durcheilen mit mehreren Kilometern pro Sekunde den Raum, doch durch die riesigen Entfernungen nimmt man in der Regel diese Bewegung erst nach Jahrhunderten wahr. Einzelne besonders nahestehende Sterne zeigen allerdings schon in geringeren Zeiträumen eine merkliche Ortsveränderung. So verschiebt sich beispielsweise der Stern 61 Cygni (s. Seite 19) innerhalb eines Jahres um fünf Bogensekunden; der «schnellste» Stern, Barnards Pfeilstern, durchquert gar in 170 Jahren eine Vollmondbreite. Der Begriff Fixstern hat sich trotz dieser Erkenntnis erhalten, denn damit wird der Unterschied zum «Wandelstern», zum Planeten, deutlich gemacht. Da die Planeten wie die Erde um die Sonne laufen, zeigt sich bei ihnen schon innerhalb weniger Stunden eine Verschiebung am Himmel, besonders bei den sonnennahen Planeten Merkur und Venus.

Mit praktischen Beobachtungen soll nun aber die Welt der Sterne etwas näher betrachtet werden: Zunächst einmal fällt in einer sternklaren Nacht auf, daß es offensichtlich hellere und schwächere Sterne gibt. Mit Hilfe der Sternbilder – darin sind bekanntlich nur die helleren Sterne enthalten – gelingt es leicht, sich am Himmel zu orientieren. Schwieriger wird es, wenn man einen Feldstecher oder ein kleines Fernrohr benutzt, denn das optische Instrument erweitert den Gesichtskreis erheblich: An Stellen, wo das unbewaffnete Auge nichts mehr wahrnimmt, tauchen im Instrument manchmal Dutzende, ja Hunderte einzelner Sterne auf.

Helligkeitsgrad und Farbskalen der Sterne

Die scheinbare Helligkeit der Sterne wird in Größenklassen angegeben. Ein Stern erster Größe (z. B. Capella) strahlt dabei genau hundertmal heller als ein Stern sechster Größe. Bei noch helleren Sternen (z. B. bei Sirius) gelten negative Werte. Venus ist – 4,3 mag. (von lateinisch *magnitudo,* Größe) hell, Sirius – 1,4 mag. und der wesentlich schwächere Polarstern + 2,1 mag. Ein scharfsichtiges Auge vermag noch Sterne der Helligkeit + 6 mag. wahrzunehmen, während die Fotoplatten in den leistungsstärksten Teleskopen noch Objekte der Helligkeit +24 mag. aufzeichnen.
Sterne leuchten in Farben – dies wird die zweite wichtige Entdeckung sein, die auf einem nächtlichen Streifzug am Sternenhimmel gemacht werden kann. So strahlt zum Beispiel der Stern Sirius in weißem Licht, gelbliche Färbung zeigt der Stern Capella im Sternbild Fuhrmann, und rötlich schimmern Antares im Skorpion und Beteigeuze im Orion. Die Farbe gibt einen ersten Hinweis auf die Oberflächentemperatur eines Sternes. Wenn wir ein Eisenstück langsam erhitzen, so stellen wir fest, daß es zunächst dunkelrot, dann gelb und schließlich weiß glüht. Könnte man das Eisenstück noch weiter erhitzen, würde es schließlich in blauem Licht strahlen. Ähnlich verhält es sich mit den Sternen: Die Oberflächentemperatur eines roten Sternes liegt etwa in der Größenordnung von 3000 Grad. Etwa 6000 Grad heiß sind die gelben Sterne – auch unsere Sonne gehört zu ihnen –, und weiße Sterne bringen es etwa auf 15 000 Grad. Den «Hitzerekord» halten die blauen Sterne; einzelne Vertreter dieser Gattung haben vermutlich eine Oberflächentemperatur von gegen 100 000 Grad.

Interessante Objekte am Sternenhimmel

Da sind zunächst einmal die *Doppelsterne.* Das bekannteste Beispiel bietet das Sternpaar Mizar-Alcor im Großen Himmelswagen. Nur das normalsichtige Auge vermag den lichtschwachen Alcor in unmittelbarer Nähe von Mizar wahrzunehmen,

weshalb dieses Sternpaar bereits in der Antike als «Augenprüfer» benutzt wurde. Übrigens ist Mizar selbst ein recht kompliziertes Mehrfach-Sternsystem. Einen weiteren Doppelstern, den allerdings nur das scharfsichtige Auge bei guten Witterungsbedingungen zu trennen vermag, finden wir mit dem Sternpaar Epsilon im Sternbild Leier. Die Winkeldistanz der beiden fast gleich hellen Komponenten beträgt nur 208 Bogensekunden.
In frühen Oktoberabenden steigt am Osthimmel das kleine Sterngrüppchen der Plejaden, das «Siebengestirn», empor.

Das «Orangen-Modell»
Die Sterne sind weit, ja unvorstellbar weit entfernt, denn wer vermag sich schon die 4,3 Lichtjahre zum nächstgelegenen Stern Alpha Centauri in Wirklichkeit vorzustellen?
Man kann sich hier allerdings mit dem maßstabgetreuen «Orangen-Modell» behelfen: Alle räumlichen Ausdehnungen werden dabei im Maßstab 1:10 Milliarden verkleinert. Der Sonnenkörper – in Wirklichkeit 1,4 Mio km groß – schrumpft nun auf die Ausmaße einer größeren Orange (14 cm) zusammen. Die Erde kreist als Stecknadelknopf in 15 m Entfernung um die «Orangensonne», und 80 m entfernt zieht der auf Kirschengröße reduzierte Jupiter als größter Planet seine Bahn. Der Abstand zum äußersten Planeten Pluto – ein winziges Kügelchen von 0,5 mm Durchmesser – beträgt gar fast 600 m.
Doch fragen wir nun nach der Position der nächsten Orange, also nach dem in Wirklichkeit 4,3 Lichtjahre entfernten Stern Alpha Centauri: Unsere Suche müßten wir aus Europa heraus nach Zentralafrika verlegen, denn die maßstabgetreue Entfernung beträgt 4100 km! Die «Orange» des Sirius – mit 9,3 Lichtjahren Entfernung auch ein Nachbar unserer Sonne – wäre in unserem Modell gar fast 9000 km von uns entfernt; irgendwo in Südafrika könnte er gesucht werden.

Sternpaar Mizar-Alcor im Großen Himmelswagen (vgl. Abb. S. 47)

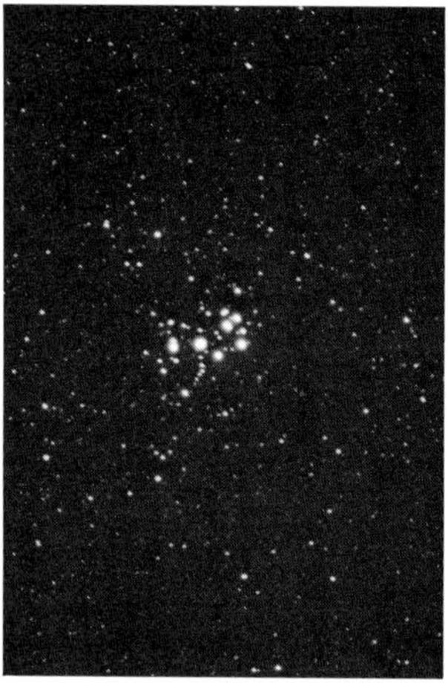

Plejaden — ein offener Sternhaufen

Das Auge vermag normalerweise etwa sieben Einzelsterne zu unterscheiden, doch bereits der Feldstecher zeigt mehr als 30. Die Plejaden sind ein typischer *offener Sternhaufen,* eine junge Sterngruppe, die sich gemeinsam durchs All bewegt. Langbelichtete Fotografien zeigen, daß die heißen Plejadensterne in ausgedehnten Gaswolken eingebettet liegen (Abb. S. 89).
Kosmische *Gaswolken* finden wir noch an anderen Himmelsstellen. Im Wintersternbild des Himmelsjägers Orion läßt sich unterhalb der drei auffälligen Gürtelsterne ein schwach leuchtendes, verschwommenes Wölkchen erkennen. Der Feldstecher zeigt ein merkwürdig geformtes Gebilde, den Großen Orionnebel. Es handelt sich hier um einen Gasnebel, der durch eingebettete Sterne zum Leuchten angeregt wird.
Das leuchtende Band der *Milchstraße* ist ein weiteres auffälliges Beobachtungsobjekt, das bei einem Streifzug in einer klaren Sommernacht zu entdecken ist. An manchen Stellen des

Links: Großer Orionnebel — das bekannteste Beispiel eines Gasnebels (Amateuraufnahme mit 135-mm-Teleobjektiv)

Unten: Im schimmernden Lichtband der Milchstraße verdecken oft vorgelagerte kosmische Staubwolken das Licht von dahinterliegenden Sternen. Das Bild zeigt den bekannten Nordamerikanebel im Sternbild Schwan

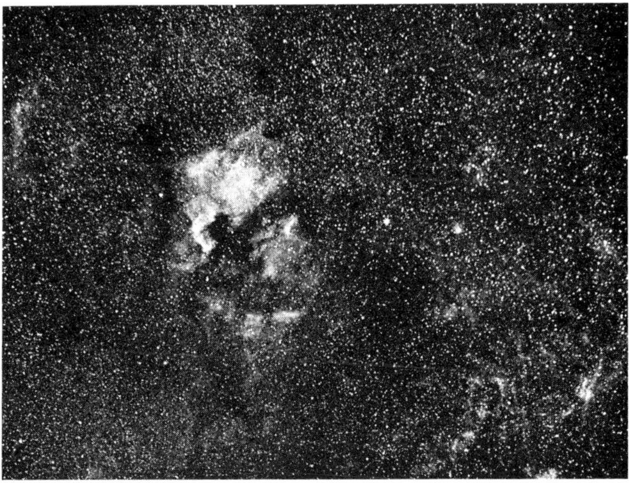

Fotografische Aufnahmen durch Großfernrohre zeigen beim Andromedanebel zahlreiche Einzelheiten. Zu beachten sind die beiden kleinen Begleitsysteme M 32 und NGC 205

schwach schimmernden Bandes, das durch Millionen einzelner Sterne gebildet wird, täuschen dunkle Löcher sternleere Regionen vor. Hier verdecken jeweils vorgelagerte Dunkelwolken aus kosmischem Gas und Staub die dahinterliegenden Sterne.
Ein schwach leuchtendes, verschwommenes Wölkchen läßt sich im Sternbild Herkules finden. Der Feldstecher verstärkt den kleinen, diffusen Lichtfleck etwas, doch erst in größeren Fernrohren lösen sich an den Randzonen winzige glitzernde Lichtpunkte heraus und lassen erahnen, daß es sich um eine größere Sternansammlung, um einen *Kugelsternhaufen,* handelt. Hier haben wir bereits die Grenzen unseres Milchstraßensystems überschritten. M 13 – wie dieser Kugelsternhaufen in der Katalogbezeichnung des französischen Astronomen Messier heißt – steht mehr als 25 000 Lichtjahre von uns entfernt und vereinigt etwa eine Million Sterne.

Schließlich sei auch noch der Andromedanebel erwähnt. Er ist im Sternbild Andromeda als blasses, spindelförmiges Objekt zu sehen, und weder Feldstecher noch Fernrohr zeigen größere Einzelheiten. Durch fotografische Untersuchungen mit Großfernrohren weiß man jedoch seit geraumer Zeit, daß dies ein uns benachbartes Milchstraßensystem ist — eine *Galaxie,* bestehend aus etwa 100 Milliarden Sonnen. Der Andromedanebel steht rund 2,3 Millionen Lichtjahre von uns entfernt, was bedeutet, daß das Licht seiner vielen Sterne vor über zwei Millionen Jahren auf die Reise ging.
Beim Andromedanebel ist die Reichweite unseres Auges erschöpft. Wer weiter ins All vordringen und noch fernere Objekte aufspüren will, benötigt entweder den Feldstecher, ein Fernrohr oder eine Kamera. Doch muß eine wichtige Erkenntnis festgehalten werden: Jeder Blick zu den Sternen ist ein Blick in die Vergangenheit, denn das zwar rasend schnelle Licht braucht zur Überbrückung der enormen Distanzen im Weltall günstigstenfalls Jahre — Jahrmillionen und Jahrmilliarden jedoch, um von den fernen Galaxien zu uns zu gelangen. Wir sehen demnach die Objekte der Sternwelt nie so, wie sie heute aussehen, sondern wie sie damals — als ihr Licht auf die lange Reise zu uns aufbrach — ausgesehen haben.

Weiße Zwerge — Rote Riesen

Es scheint ein menschliches Urbedürfnis zu sein, alle Formen und Erscheinungen der Natur zu klassifizieren und in Systemen zu ordnen. So sind die vielfältigen biologischen Organismen vom Einzeller bis zum komplizierten Lebewesen Mensch nach bestimmten Merkmalen in Gruppen eingeteilt und geordnet. Der Chemiker katalogisiert seine Untersuchungsobjekte, die chemischen Elemente als Grundbausteine der Materie, im Periodensystem, und auch der Astrophysiker teilt seine Welt, die der Sterne, in Gruppen ein.
Die grundsätzlichen Merkmale der einzelnen Sterne bezeichnet der Astrophysiker als *Zustandsgrößen.* Die wichtigsten sind: Spektraltyp, Temperatur, absolute Leuchtkraft, Durchmesser, Masse, Dichte, Rotationsgeschwindigkeit und Energieerzeugung. Es ist nun leicht einzusehen, daß zwischen einzelnen Zu-

standsgrößen eines Sternes bestimmte Zusammenhänge bestehen, und aus einer bekannten Größe kann oft direkt eine andere abgeleitet werden. Dies ist der Sinn jeder Klassifizierung. Zunächst einmal werden die Sterne aufgrund ihrer absoluten Leuchtkraft in verschiedene Gruppen eingeteilt, wobei unsere Sonne als Ausgangspunkt benützt wurde: I Überriesen, II helle Riesen, III normale Riesen, IV Unterriesen, V Hauptreihensterne (normale Zwerge) und VI Unterzwerge. Die leuchtkräftigsten Sterne — die Überriesen — haben etwa die tausend- bis zehntausendfache Leuchtkraft unserer Sonne. Rund einen Zehntausendstel der Sonnenleuchtkraft kennzeichnen dagegen die schwächsten Zwergsterne. Die Bezeichnung «Riesen»- und «Zwergsterne» enthält natürlich auch eine Aussage über die räumliche Ausdehnung eines Sternes. Von der Erde aus erscheinen zwar alle Sterne durch die riesigen Entfernungen als dimensionslose Lichtpunkte. Ihr Durchmesser kann aber trotzdem aus der Leuchtkraft und aus dem Spektraltyp errechnet werden. Die größten bekannten Sterne übertreffen den Sonnendurchmesser etwa um das 3000fache. In diesen gigantischen Sternen könnte bequem die Umlaufbahn des Planeten Mars untergebracht werden. Dagegen sind die kleinsten Neutronensterne (Pulsare) lediglich einige Kilometer groß.

Eigenschaften der verschiedenen Spektraltypen

Eine sehr wichtige Zustandsgröße bildet der *Spektraltyp,* denn im Spektrum eines Sternes sind die wichtigsten physikalisch-chemischen Eigenschaften eines Sternes ablesbar. Bereits im neunzehnten Jahrhundert wurden die Sterne aufgrund ihrer verschiedenen Spektren in mehrere Gruppen aufgeteilt; allerdings mußte die damalige Klassifizierung mehrmals revidiert und ergänzt werden. Heute unterscheidet der Astrophysiker folgende Spektralklassen, die mit Buchstaben gekennzeichnet sind. Haupttypen sind O-, B-, A-, F-, G-, K- und M-Sterne, die jeweils in bis zu zehn verschiedene Untergruppen aufgeteilt werden. Daneben gibt es jedoch noch weitere Klassen, die mit W, R, N und S bezeichnet werden.

Sterne der Spektralklasse O sind bläulich leuchtende, maximal 40 000 Grad heiße Sterne. In ihrem Spektrum lassen sich ausgeprägte Helium-Anteile feststellen. B-Sterne zeigen bei etwa 20 000 Grad Oberflächentemperatur im Spektrum vermehrt Wasserstofflinien. Bei den weißleuchtenden A-Sternen (Temperatur um 10 000 Grad) treten zusätzlich einige ionisierte Metalle auf, die im Spektrum der F-Sterne noch deutlicher in Erscheinung treten. G-Sterne sind ausgesprochene Durchschnittstypen und leuchten in gelber Farbe. In ihren Spektren sind bereits zahlreiche Metalle in neutraler Form nachweisbar. Unsere Sonne gehört übrigens zu dieser Spektralklasse, und zwar zur Untergruppe G 2. Zu erwähnen bleiben noch die rötlichen K- und M-Sterne, die bei Oberflächentemperaturen um 3000 Grad im Spektrum kaum mehr Wasserstofflinien enthalten. Dafür lassen sich in verstärktem Maß Liniengruppen von Molekülen und auch einfache chemische Verbindungen (Metalloxide) nachweisen. R-, N- und S-Sterne treten sehr selten auf. Bei R- und N-Sternen stechen ausgeprägte Kohlenstofflinien im Spektrum hervor, weshalb diese Sterngruppen auch als «Kohlenstoffsterne» bezeichnet werden. Sehr selten sind die extrem heißen W-Sterne, die nach ihren Entdeckern auch «Wolf-Rayet-Sterne» heißen.

Von Überriesen, Riesen und Zwergen

Daß zwischen der Leuchtkraft eines Sternes und seinem Spektraltyp ein Zusammenhang besteht, fanden bereits im Jahre 1913 zwei Physiker heraus. E. Hertzsprung und H. N. Russel entwickelten damals das heute nach ihnen benannte *Hertzsprung-Russel-Diagramm,* das auch als Farben-Helligkeitsdiagramm bezeichnet wird (Abb. S. 66). In allen Bereichen der Stellarastronomie ist dieses Diagramm inzwischen sehr wichtig geworden.

Auf der waagrechten Achse des HRD sind die Spektraltypen und die Oberflächentemperaturen aufgetragen. Die senkrechte Achse enthält eine Leuchtkrafteinteilung in Sonneneinheiten und eine Skala der absoluten Helligkeit in Größenklassen.

Werden nun die Sterne aufgrund dieser beiden Zustandsgrößen als Punkte im Diagramm eingetragen, so fällt auf, daß sie sich offensichtlich nicht gleichmäßig über das Feld verteilen. Die weitaus größte Anzahl Sterne finden wir im schmalen Band

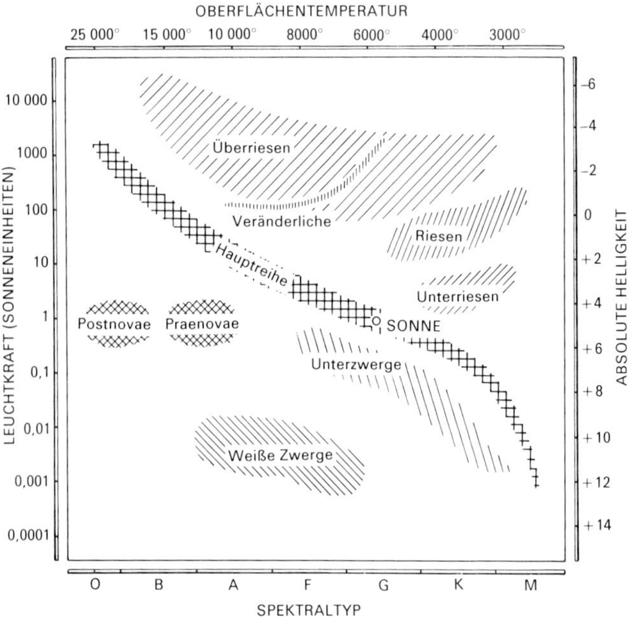

Das Hertzsprung-Russel-Diagramm in seiner Grundform

der sogenannten Hauptreihe – auch der Zwergstern Sonne gehört zu diesen *Hauptreihensternen.* Rötliche, also kühlere Sterne mit großer Leuchtkraft finden wir in der Gruppe der *Riesen* und *Unterriesen.* Vorwiegend weiß leuchtende, heiße Riesensterne mit enormer Leuchtkraft sind die *Überriesen.* Den Gegensatz zu ihnen bilden die *Weißen Zwerge,* die zwar auch hohe Oberflächentemperaturen aufweisen, aber aufgrund ihrer Leuchtkraft nur geringe Durchmesser haben können.
Das HRD ermöglicht somit dem Astrophysiker, aus der Spektralklasse auf die Leuchtkraft eines Sternes und damit auf seine Größe schließen zu können. Auch Aussagen über die Entfer-

nung und das Alter eines Sternes sind mit Hilfe des HRD möglich.

Die Geburt der Sterne

Im Lebenskreis des Planeten Erde, in der Vielfalt der pflanzlichen, tierischen und menschlichen Erscheinungsformen, bestimmen drei zentrale und unabänderliche Prinzipien den Lauf des Lebens: die Geburt, das Leben und der Tod. Werden, Sein und Vergehen ist das Schicksal aller materiellen Dinge – auch das Leben der Sterne ist unerbittlich dadurch gekennzeichnet. Rechnet der Biologe in Tagen, Monaten und Jahren, so gelten in der Entwicklungsgeschichte der Sterne Jahrmillionen und -milliarden; aber verschiedene Zeiträume ändern nichts an der Tatsache, daß die Geburt den Anfang und der Tod das Ende markieren.

Die komplizierten Vorgänge, die den Lebenslauf der Sterne bestimmen, sind zwar erst zum Teil erkannt, doch auch einzelne Mosaiksteinchen ergeben letztlich ein vollständiges Bild. Die Welt der Sterne präsentiert sich wie ein offenes Bilderbuch, in dem die Astronomen im Laufe der Jahrhunderte lesen und verstehen gelernt haben. Innerhalb der ungeheuren Vielfalt der astronomischen Untersuchungsobjekte lassen sich junge, noch ungeborene Sterne, verschiedene Zwischenstadien der Entwicklung, alternde und selbst sterbende Sterne erkennen. Der mutmaßliche Lebensweg eines bestimmten Sterntyps kann deshalb aus vergleichenden Beobachtungen an anderen Sternen abgeleitet werden.

An zahlreichen Stellen des nächtlichen Sternenhimmels zeigen sich im optischen Instrument ausgedehnte Nebelflecke, die sich im Spektroskop als riesige Gasmassen entpuppen (Emissionsspektrum). Das bekannteste Beispiel bietet der vorhin erwähnte Große Orionnebel. Im schimmernden Band der Milchstraße verhüllen dunkle Wolken unseren Blick auf dahinterliegende Sterne. Leuchtende und dunkle Materiewolken mischen und durchdringen sich an anderen Himmelsstellen; ein populärer Vertreter ist der «Pferdekopfnebel» im Orion (Abb. S. 69). Langbelichtete fotografische Übersichtsaufnahmen lassen schließlich erkennen, daß großräumige Gebiete im Kosmos mit

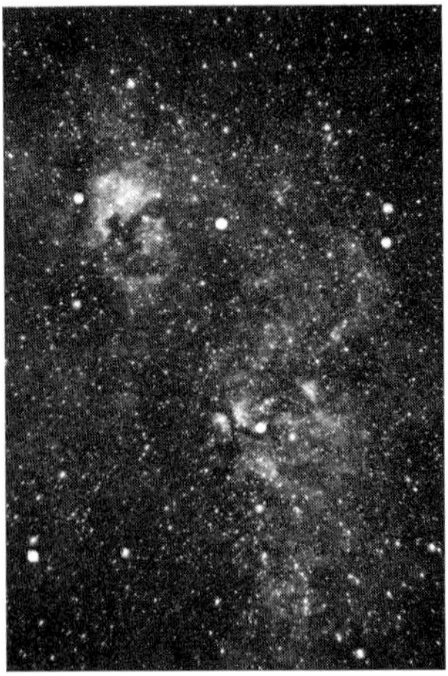 

Links: Interstellarmaterie im Sternbild Schwan
Rechts: S-förmige Dunkelwolke im Sternbild Ophiuchus

ausgedehnten Materiewolken erfüllt sind. Fast das ganze Sternbild Orion erscheint in feine Gasschwaden eingehüllt. Diese Feststellungen veranlaßten die Astrophysiker nach der Jahrhundertwende zu einer wichtigen Erkenntnis: Der Raum zwischen den Sternen ist offensichtlich nicht einfach leer, sondern mit vorwiegend gasförmiger Materie meist in sehr schwacher Konzentration angefüllt.
Der Fachmann bezeichnet sie als *Interstellare Materie.* Inzwischen konnte sie praktisch in der ganzen Milchstraße nachgewiesen werden: In fein verteilter Form beschränkt sie sich also nicht nur auf die sichtbaren hellen oder dunklen Nebelflecke. Die Interstellarmaterie besteht vor allem aus Wasserstoffgas, doch auch Helium ist stark vertreten. Nur etwa ein Prozent besteht aus Staubpartikelchen, der Rest sind gasförmige Substanzen.

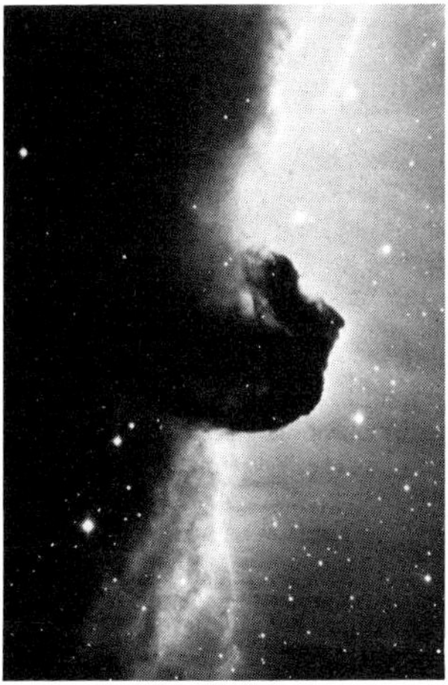 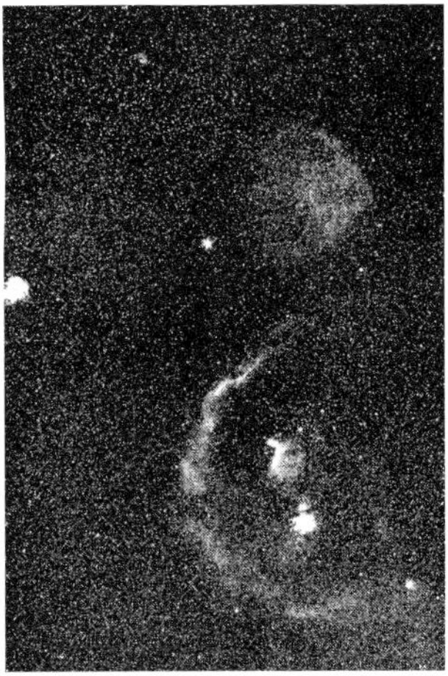

Links: der «Pferdekopfnebel» im Orion: Leuchtende und dunkle Materiewolken zeichnen hier ein bizarres Bild
Rechts: Fast das ganze Sternbild Orion ist in schwach leuchtende Gaswolken eingehüllt

Die Grundlage für die Geburt der Sterne ist das Wasserstoffgas. Neue Sterne entstehen auch heute noch laufend im Universum, und zwar, wie man heute glaubt, jeweils in ganzen Gruppen. Ihre «Wiege» konzentriert sich auf die Ebene der Milchstraße, aber durch die Eigenbewegung verteilen sich anschließend die Sterne. Früher jedoch müssen gewisse Sterne auch an anderen Orten entstanden sein; insbesondere die sehr alten Sterntypen in den Kugelsternhaufen dürften eine andere Entstehungsgeschichte durchgemacht haben.

Gravitation und Gasdruck: Hebammen bei einer Sterngeburt
Betrachten wir nun die Vorgänge einer Sterngeburt im einzelnen: In größeren interstellaren Materiewolken sind grundsätzlich zwei entgegengerichtete Kräfte wirksam, und zwar zunächst einmal die *Gravitationskraft* mit der Tendenz, die Gas-

teilchen zusammenzuziehen. Ihr wirkt jedoch eine entgegengesetzte Kraft, *der Gasdruck,* entgegen, der die Wolke auseinandertreiben möchte. Normalerweise sind beide Kräfte in einer kosmischen Gaswolke äußerst klein und halten sich das Gleichgewicht. Vereinigt die Materiewolke jedoch mehr als 1000 Sonnenmassen, so überwiegt zunächst der Einfluß der Gravitation. Die Folge davon: Die Wolke zieht sich langsam zusammen, sie *kontrahiert,* bis der steigende Gasdruck wieder ausgleichend wirkt.

Zur Sternentwicklung leistet nun ein heißer O-Stern, der sich zufällig in der kontrahierenden Materiewolke befindet, einen entscheidenden Beitrag. Durch die gewaltigen Energiemengen, die ein solcher Stern in seine Umgebung verströmt, wird das Wasserstoffgas in seiner Nähe erhitzt und ionisiert. Das heißt: die Wasserstoffatome werden ihrer Elektronen beraubt und geraten in heftige Bewegung. Das ionisierte Wasserstoffgas breitet sich rasch in die etwa 10 000 Grad kühleren, neutralen Wasserstoffmassen aus. Dies geschieht nicht in gleichmäßigen Schichten, sondern es kommt zu schlauchartigen Einbuchtungen, wo kühleres Wasserstoffgas in die expandierten heißen

Kräftespiel bei der Sternentstehung:
In der Kontraktionsphase überwiegt der Einfluß der Gravitation (G). Die interstellare Materie ballt sich dadurch zusammen. Nachdem die Fusionsprozesse im Sterninnern eingesetzt haben, halten Gravitation und innerer Gasdruck (D) den Hauptreihenstern im Gleichgewicht. Am Ende der Sternentwicklung steigt der Gasdruck im Innern des Sternes an, und dadurch expandiert die Sternhülle

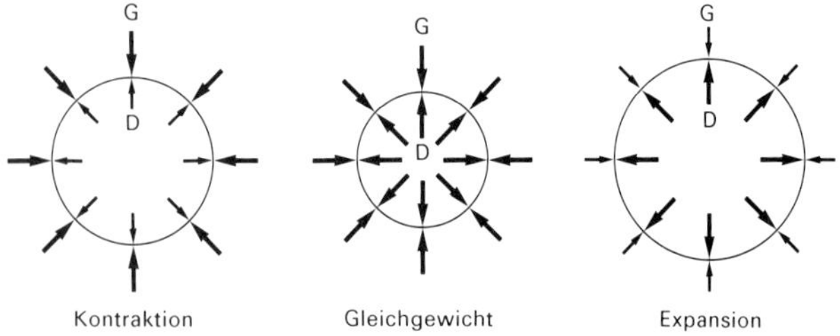

Links: Der heiße Stern AE Aurigae heizt eine ihn umgebende Gasmasse auf und liefert damit vermutlich die Grundvoraussetzungen für das Entstehen einer neuen Sterngruppe
Rechts: In den Randzonen des Rosettennebels treten besonders ausgeprägt rüsselartige Einbuchtungen und «Globulen» in Erscheinung

Gasmassen hineinragt. Schließlich werden diese «Rüssel» ganz abgetrennt, durch die heiße Umgebung zusammengepreßt und aufgeheizt. Es entstehen kugelförmige *Globulen,* die sich durch die heißen Gase der Umgebung weiter zusammenballen, sich dabei noch mehr aufheizen und langsam dunkelrot zu glühen beginnen.
Der «Sternsäugling», der nun entstanden ist, bezieht zu diesem Zeitpunkt seine Energie noch immer von der heißen Umgebung, doch wenn etwa fünf Millionen Grad im Innern erreicht sind, setzen die ersten Fusionsprozesse ein. Wasserstoffkerne verschmelzen zu Heliumkernen, wobei Energie freigesetzt wird. Die komprimierte Gasmasse hat in diesem Stadium wieder einigermaßen ein Gleichgewicht gefunden, und sie leuchtet nun durch die eigene Energieproduktion — kurz, der neue Stern ist

selbständig geworden. Er erscheint im HRD als früher Hauptreihenstern und hat sich damit endgültig in die große Sternfamilie eingegliedert.
Aus der 1000fachen Sonnenmasse der ursprünglichen Interstellarwolke entwickeln sich jeweils einige hundert Sterne gleichzeitig. Sterne werden also fast immer in Gruppen geboren; sie bilden dann zunächst offene Sternhaufen, deren Einzelsterne sich im Laufe von Jahrmillionen selbständig machen. Die «Plejaden» sind ein Beispiel einer derartigen jungen Sterngruppe, die sich heute noch geschlossen durch den Raum bewegt. Doch schon in einigen 100 000 Jahren wird nichts mehr auf die gemeinsame Herkunft der Plejadensterne hindeuten.

Die Lebensstationen der Sterne

Der weitere Lebensweg der Sterne ist weitgehend durch die wichtige Zustandgröße der Masse bestimmt, und zwar gilt die Grundregel: je größer die Masse, desto höher auch die Leuchtkraft, und desto rascher altert auch der Stern. Denn massenreiche Sterne sind wahre «Energieverschwender», die – verglichen mit kleinen und mittleren Sternen – eine nur sehr kurze, aber heftige Lebensaktivität entwickeln.
So oder so, die Sterne verweilen nun eine gewisse Zeit als Hauptreihensterne in einem stabilen Stadium. – Sie produzieren dabei in ihren Kernen durch ständiges Umwandeln von Wasserstoff in Helium die notwendige Lebensenergie. Doch die Wasserstoffvorräte gehen früher oder später zur Neige. Die Fusionsprozesse im Sterninnern lassen nach, und damit sinkt vorübergehend auch der Gasdruck, der bisher als Gegenkraft zur Gravitation den Stern im Gleichgewicht hielt. Die Gravitation drückt in der Folge den Kern des Sternes weiter zusammen, und dadurch steigen die Temperaturen auf weit über 100 Millionen Grad an. Dies sind die Bedingungen für neue Fusionsprozesse: Die Heliumkerne, die ja nun in überreichlichem Maße vorhanden sind, verschmelzen zu Kohlenstoffkernen. In den mittleren Sternzonen laufen aber noch immer Fusionen mit Wasserstoffkernen ab, so daß der Stern letztlich ungeheure Energiemengen produziert und erneut aus dem Gleichgewicht gerät. Der ständig wachsende Gasdruck im Inneren führt in die-

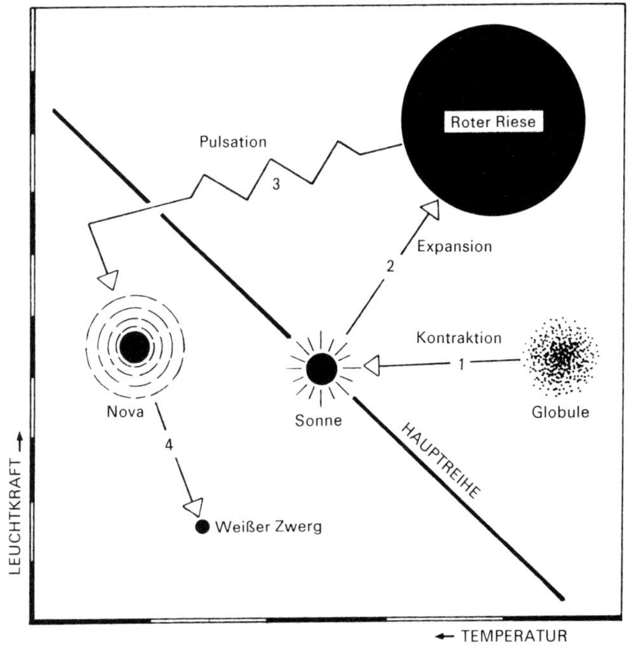

Der Entwicklungsweg eines Sternes in stark vereinfachter Darstellung

ser Entwicklungsphase zur Ausdehnung (Expansion) der Sternhülle – der Stern wird zum «Roten Riesen». Schließlich erreicht die Kernzone eine Temperatur von etwa einer Milliarde Grad; genug, um aus leichteren Kernen solche von Eisen entstehen zu lassen. Vorübergehend findet jetzt der Stern nochmals ein Gleichgewicht, das aber zeitlich begrenzt und recht wackelig ist: Er wird zum veränderlichen Stern, der in unregelmäßigen Zeitabständen pulsiert. In diesem Stadium ist der «Sterngreis» bereits vom Tode gezeichnet.

Doch betrachten wir einmal die Zeiträume, in denen sich der junge Hauptreihenstern zum «roten Riesen» entwickelt. Wie bereits erwähnt, ist die Masse die dafür maßgebende Größe. Der energieverschleudernde Riesenstern mit etwa hundertfacher Sonnenmasse läuft sich selbst in wenigen Millionen Jahren tot. Die Lebenserwartung eines Sternes mit etwa dreifacher Sonnenmasse beträgt schon ungefähr 300 Millionen Jahre, und sonnenähnliche Sterne dürfen immerhin mit etwa sechs bis acht Milliarden Jahren rechnen. Noch höhere Lebenserwartungen weisen die kleinsten Sterne auf: Mit ihrem haushälterischen Energieverbrauch können sie bis zehn Milliarden Jahre alt werden – doch dann ist auch für sie das Ende gekommen.

Sterbende Sterne

Am Vorabend des Todes laufen in den Sternen merkwürdige Vorgänge ab, die noch nicht restlos geklärt sind. Die Energievorräte haben sich weitgehend erschöpft, und die Instabilität des Sternkörpers, die zunächst durch das Pulsieren aufgefangen wurde, setzt sich nun endgültig durch: Die inneren und äußeren Teile des Sternes brechen in einer gewaltigen Explosion, die sich dem Erdbeobachter durch eine plötzliche Helligkeitssteigerung äußert, zusammen. Der Astronom nennt eine solche gigantische Sternkatastrophe eine «Nova» oder «Supernova». Dabei werden die äußeren Teile der Sternhülle in den Raum hinausgeschleudert, und der Rest des Sternes sackt zu einem überdichten Materiepaket zusammen.

Die Art der kollabierten Sternüberreste ist wiederum von der Masse abhängig. Kleinere Sterne enden voraussichtlich als «Weiße Zwerge». Das sind kleine, leuchtschwache Sterne, in denen allerdings die Materie dichtgepackt ist. Ein Kubikzentimeter eines weißen Zwergsternes würde auf der Erde etwa eine Tonne wiegen! Massenreichere Sterne beenden ihr ohnehin reichlich kurzes Leben entweder als «Neutronenstern» oder als «Schwarzes Loch». Manche Neutronensterne sind inzwischen als punktförmige Radioquellen identifiziert worden, wobei man das Entstehen der recht starken Radiostrahlung mit einem komplexen physikalischen Vorgang, einem «Synchrotronmechanismus», zu erklären sucht. Aufgrund bestimmter Indizien nimmt man heute an, daß Neuronensterne nicht größer als etwa 20 Kilometer sind, und ihre Materiedichte muß demzufolge Werte um eine Million Tonnen pro Kubikzentimeter (!) erreichen. Aus der Tatsache, daß Neutronensterne pulsartig Radiowellen aussenden (deshalb der Name «Pulsar»), schließt man auf eine extrem rasche Rotationszeit. Es sind Pulsare bekannt, die für eine Umdrehung weniger als eine Hundertstelsekunde benötigen. Unvorstellbare Phänomene sind auch die rätselhaften «Schwarzen Löcher», die in jüngster Zeit so viel von sich reden gemacht haben. In diesen exotischen Erscheinungen, zu denen nur die massenreichsten Sterne werden dürften, ist die Materie so dicht gepackt, daß durch das enorme Schwerefeld alle elektromagnetische Strahlung wieder ins Innere zurückgebeugt wird. Aus dem «Schwarzen Loch» dringt also nichts an die Außenwelt; trotzdem scheint heute zumindest die Existenz eines dieser seltsamen Phänomene gesichert zu sein (s. Seite 43ff.).

«Weiße Zwerge» werden zu «Schwarzen Zwergen»

Was mit den kollabierten Sternüberresten weiter geschieht, entzieht sich unserer Kenntnis. Die weißen Zwergsterne dürften jedoch allmählich erlöschen und dann als kleine dunkle Materiepakete, als «Schwarze Zwerge», durch das All ziehen. Interessantes kann man dagegen von den bei der Sternexplosion abgestoßenen Sternhüllen berichten. Sie breiten sich als leuchtende Gasfilamente noch lange nach der Sternkatastrophe mit ungeheurer Geschwindigkeit im All aus, und wahrscheinlich tragen diese Gasmassen in Form von interstellarer Materie wiederum zur Bildung neuer Sterne bei. Der Kreis der Sternentwicklung wäre damit geschlossen. Übriggebliebene Gasmassen von Supernova-Explosionen lassen sich an mehreren Himmelsstellen ausmachen. Das bekannteste Beispiel ist der «Crabnebel» im Sternbild Stier (Abb. S. 76), der auf eine von chinesischen Astronomen im Jahre 1054 beobachtete Supernova zurückgeht. Noch heute dehnen sich die äußersten Gasfetzen mit über 1000 Kilometern in der Sekunde aus. Auch der kollabierte Sternüberrest – in diesem Fall ein Neutronenstern – wurde zunächst im Radiobereich und später auch optisch

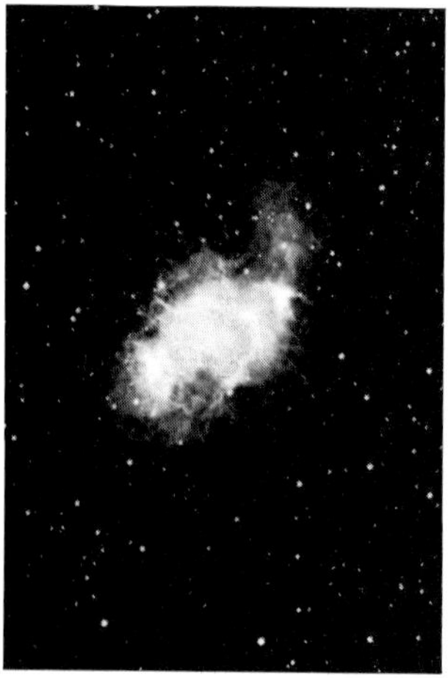 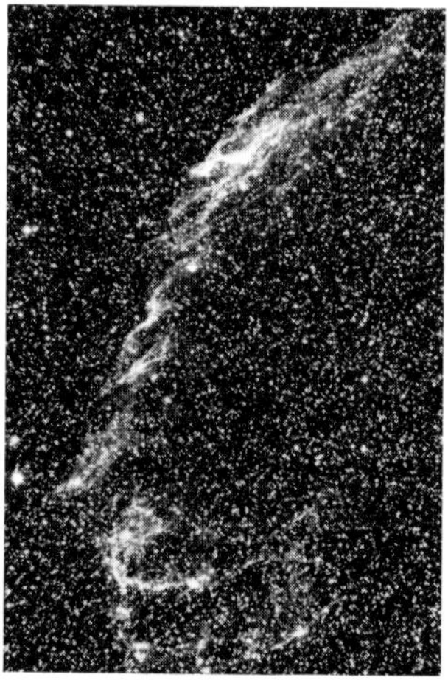

Links: Chinesische Astronomen registrierten im Jahre 1054 einen «neuen Stern». Heute ist an dieser Himmelsstelle der Crabnebel sichtbar, die gasförmigen Überreste der damaligen Supernova
Rechts: Der «Cirrennebel» im Schwan — vermutlich Überreste einer prähistorischen Supernova

nachgewiesen. Er pulsiert im Abstand von etwa drei Hundertstelsekunden.
Der Cirrennebel im Sternbild Schwan geht auf eine prähistorische Supernova zurück. Hier hat sich das kosmische Gas bis auf wenige Reste schon so verdünnt, daß es nur noch an einzelnen Stellen fotografiert werden kann.
Auch die zahlreichen sogenannten planetarischen Nebel am Himmel haben vermutlich ihren Ursprung in vorgeschichtlichen Sternexplosionen. Bekannte Beispiele sind der «Ringnebel» in der Leier und der «Hantelnebel» im Sternbild Füchschen. Beide sind schon im kleinen Fernrohr zu erkennen.
Doch kehren wir nochmals in unsere kosmische Heimat, zu unserer Sonne zurück: Ihr Schicksal dürfte sich in etwa drei Milliarden Jahren erfüllen. Alles deutet darauf hin, daß sie als wei-

Ausschnitt aus dem Cirrennebel

Ringnebel M 57 im Sternbild Leier

ßer Zwergstern ihren langen Lebensweg beschließen wird. Spektakuläres wird unser «Gelber Zwerg» also auch in dieser letzten Phase nicht zu bieten haben, doch den Erdbewohner kümmert das dann ohnehin recht wenig. Schon vorher wird die Erde nicht mehr existieren, denn sie versinkt in der Glut des roten Riesensternes, zu dem sich die Sonne in ferner Zukunft aufblähen wird. Vielleicht aber bieten auch die Substanzen der Erde die Grundlage für das Entstehen einer neuen Sonne und eines neuen Planeten Erde, auf der sich vielleicht auch wieder neues Leben ausbreiten wird.

Veränderliche Sterne

Zahlreiche Sterne an unserem Himmel zeigen periodische, unregelmäßige oder auch plötzliche Änderungen in ihrer Helligkeit. Lange Zeit waren diese Phänomene unerklärlich, doch inzwischen wurde erkannt, daß physikalische Ursachen dafür verantwortlich sind.

Hantelnebel M 27 im Sternbild Füchschen (s. Seite 76)

Nachdem immer mehr veränderliche Sterne entdeckt worden sind, behilft man sich auch hier mit einem Klassifizierungssystem. Veränderliche Sterne werden aufgrund ihrer sehr unterschiedlichen Merkmale in zahlreiche Klassen eingeteilt, wobei die einzelnen Gruppen meist nach dem erstentdeckten Hauptvertreter benannt sind.
Man erfaßt zunächst einmal in einer ersten Hauptgruppe die *physischen Veränderlichen,* bei denen die Lichtwechsel durch direkte Vorgänge im Stern verursacht werden. Wichtige Vertreter dieser Gruppe sind die *Cepheiden,* die nach dem Stern Delta im Sternbild Cepheus benannt sind. Sie zeichnen sich durch relativ kurze Perioden etwa zwischen einem halben Tag und fünfzig Tagen aus, in der jeweils die Helligkeit vom Minimal- auf den Maximalwert wechselt. Cepheiden sind recht gut untersuchte Objekte. Es konnte nachgewiesen werden, daß ihre variable Helligkeit eng mit Änderungen des Durchmessers

und der Oberflächentemperatur verbunden ist. Die Cepheiden ändern diese Zustandsgrößen innerhalb genau bekannter Grenzen; sie werden deshalb auch gerne als Eichsterne zur Entfernungsbestimmung benutzt. In Kugelsternhaufen und benachbarten Galaxien wurden schon mehrere Vertreter dieses Sterntyps aufgespürt – aus ihren Perioden kann die Leuchtkraft und damit die Entfernung des ganzen Sternverbandes bestimmt werden. Cepheiden sind also eine Art Positionslaternen im All.

«Mira-Sterne» sind heute kein Wunder mehr

Im Jahre 1596 stieß der Astronom Fabricius im Sternbild Walfisch auf einen Stern, den er bis dahin noch nie gesehen hatte. Ihm fiel auf, daß dieser merkwürdige Fixstern langsam verblaßte, schließlich ganz verschwand, aber nach etwa elf Monaten wieder in altem Glanz erstrahlte. Fabricius blieb dieser Vorgang absolut unerklärlich, und so gab er dem Stern den Namen «Stella Mira» (= der Wunderstern). Langperiodische *Mira-Sterne* – man kennt inzwischen fast 5000 – bilden eine weitere wichtige Gruppe veränderlicher Sterne, die in ziemlich regelmäßigen Zeitabständen ihre Helligkeit beträchtlich ändern. (Mira beispielsweise ist im Maximum durchschnittlich + 3,5 mag. und im Minimum rund + 10 mag. hell.) Sie sind, wie man heute weiß, alte rote Riesensterne von meist mehrhundertfachem Sonnendurchmesser, die sich, ähnlich wie die

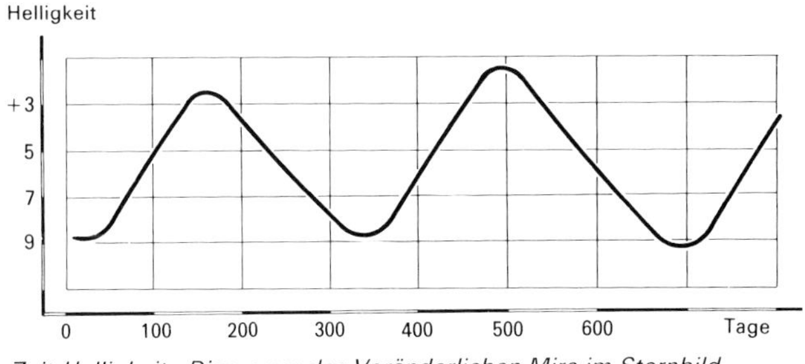

Zeit-Helligkeits-Diagramm des Veränderlichen Mira im Sternbild Walfisch

Cepheiden, aus wenig bekannten Gründen rhythmisch aufblähen und wieder zusammenfallen. Die Oberflächentemperatur wechselt dabei zwischen etwa 2000 und 2500 Grad.
Nicht alle roten Riesen sind Mira-Sterne oder Cepheiden und ändern ihre Helligkeit schön regelmäßig. Bekannte Vertreter von *unregelmäßigen* oder *halbperiodischen Veränderlichen* sind beispielsweise die hellen Hauptsterne Beteigeuze im Orion und Antares im Skorpion.

Neue Sterne
Neben pulsierenden Veränderlichen unterscheidet man in einer zweiten Hauptgruppe die *eruptiv veränderlichen Sterne.* Auch in dieser Sterngruppe sind physische Vorgänge im Sterninnern die Ursache eines plötzlichen Lichtwechsels. Als spektakulärste Vertreter, die sich durch eine millionenfache Helligkeitssteigerung hervorheben, gelten die gewaltigen Sternkatastrophen der

Helligkeitsverlauf einer Nova: Einem explosionsartigen Helligkeitsanstieg folgt über längere Zeit der langsame und oft unregelmäßige Helligkeitsrückgang

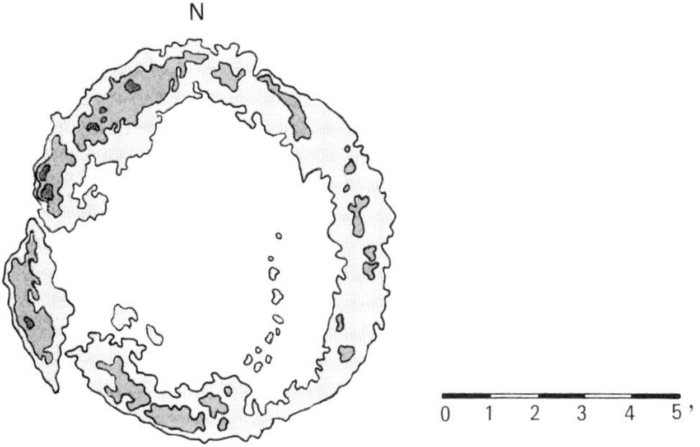

Radiokarte der Supernova von 1572: Bei einer Wellenlänge von sechs Zentimetern zeigt sich sehr ausgeprägt eine ringförmige Struktur von expandierenden Gasmassen. Im optischen Bereich deutet hingegen nichts mehr auf die einstige Sternkatastrophe hin.
(Nach Beobachtungen mit dem holländischen Westerbork Synthesis Radiotelescope, 1975)

Supernovae, die aber offenbar sehr selten in unserer Milchstraße auftreten. In den ersten Novembertagen des Jahres 1572 blitzte eine derartige Supernova im Sternbild Cassiopeia auf und wurde von verschiedenen europäischen Beobachtern registriert. Den ausführlichsten Beobachtungsbericht hinterließ der dänische Meisterbeobachter Tycho Brahe. Er konnte die Erscheinung jedoch nicht deuten, denn der Gedanke an eine Sternkatastrophe, die das Ende eines langen Sternenlebens markiert, war noch fern. Im Gegenteil: Tycho Brahe und seine Zeitgenossen glaubten, ein «neuer» Stern sei entstanden, wie aus dem lateinischen Namen «Stella Nova» heute noch hervorgeht. Eine weitere Supernova ist uns aus dem Jahre 1604 überliefert. Zusammen mit der von 1054, die zur Entstehung des «Crabnebels» geführt hat, sind also in den letzten tausend Jahren lediglich drei dieser gigantischen Sternkatastrophen in un-

serer Milchstraße mit letzter Gewißheit beobachtet worden – kein Wunder, daß man über sie nur wenig weiß.
Weitaus häufiger treten normale *Novae* in Erscheinung, und zwar handelt es sich meistens um massenarme, kleinere Sterne, die in größeren Gasexplosionen einen Teil ihrer Sternhülle ins All abstoßen. Auch periodische Novae sind neuerdings festgestellt worden.
Im Sternbild Fuhrmann ist mit optischen Geräten ein kleines Sternchen mit der Bezeichnung RW auszumachen. Dieser Stern – in Wirklichkeit ein gigantischer Riese – zeigt einen unregelmäßigen Lichtwechsel. *RW Auriga-Veränderliche* sind wahrscheinlich noch sehr junge Sterne in der Kontraktionsphase, die mit den umliegenden Gasmassen, aus denen sie gerade entstanden sind, noch einen heftigen Materieaustausch pflegen. Hier sind in gewissem Sinn «Geburtswehen eines Sternes» zu beobachten.
Die *UV-Ceti-Sterne* zeigen ebenfalls irreguläre Perioden, aber nur geringe Helligkeitsunterschiede.
Kurzzeitige eruptive Gasausbrüche bewirken bei diesem Veränderlichentyp manchmal nur für wenige Minuten einen leichten Lichtanstieg. Wahrscheinlich handelt es sich dabei um sogenannte Flares, um lokale Gasauswürfe, wie sie auch gelegentlich unsere Sonne im größeren Stil zeigt.

Regelmäßiger Lichtwechsel von Sternpaaren
Alle bis anhin erwähnten Sterntypen gehören, wie erwähnt, zu den physischen Veränderlichen. Ihnen steht die große Hauptgruppe der *bedeckungsveränderlichen Sterne* gegenüber, die aus ganz anderen Gründen in ausgeprägt regelmäßigen Perioden einen Lichtwechsel zeigen. Bedeckungsveränderliche sind stets *Sternpaare,* deren Partner sich gegenseitig umkreisen und bei jeder Umdrehung teilweise verdecken. Wird ihre wechselnde Helligkeit grafisch aufgezeichnet, so ergibt sich ein ganz charakteristischer Kurvenverlauf. Daraus kann direkt die Umlaufzeit und indirekt die Größe, Leuchtkraft, Masse und Oberflächenform der beiden Partnersterne sehr präzise abgeleitet werden. Dies obwohl bekanntlich von der Erde aus kein Stern als Körper gesehen werden kann.

Der bekannteste Bedeckungsveränderliche ist wohl der «Teufelsstern» Algol im Sternbild Perseus. Schon die Himmelsbeobachter der Antike erkannten, daß dieser mäßig helle Stern durch seine periodischen Lichtwechsel etwas Besonderes darstellen muß. Gegen Ende des 18. Jahrhunderts wurde man wiederum auf die merkwürdig schwankende Helligkeit des Teufelssterns aufmerksam, doch erst die verfeinerten Meßtechniken des 19. und 20. Jahrhunderts ließen eine Deutung des Phänomens zu. Die Helligkeit des Teufelssterns nimmt zunächst zögernd und dann ziemlich abrupt ab, steigt aber sofort wieder an. Nach Erreichen des Maximalwertes sinkt die Helligkeit wiederum leicht ab auf das sogenannte Nebenminimum und klettert dann wieder auf den Ausgangswert (Abb. S. 77). Diese charakteristische Zeit-Helligkeits-Kurve läßt sich genau aus der Doppelsternnatur von Algol erklären: Der hellere Hauptstern Algol A – er besitzt etwa die vierfache Sonnenmasse – wird

Der «Teufelsstern» Algol im Sternbild Perseus und seine Helligkeitskurve

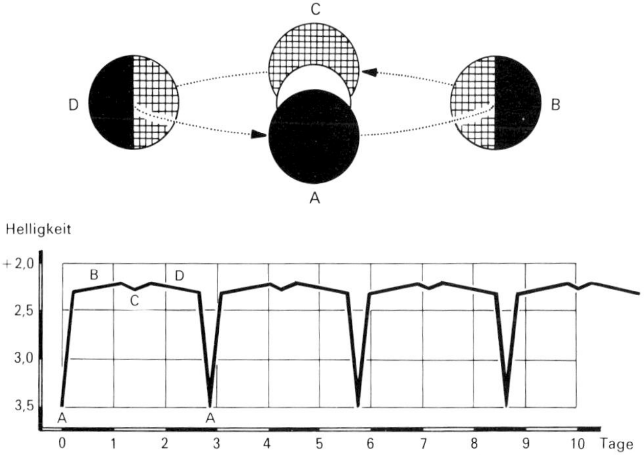

von einem wesentlich größeren, aber dunkleren und massearmeren Begleiter in rund 2,9 Tagen umkreist. Steht der Begleiter nun von der Erde aus gesehen seitlich vom Hauptstern, so äußert sich dies in der größten Helligkeit, weil beide Sterne ihr Licht ungehindert zur Erde senden können. Läuft der Begleiter auf seiner Umlaufbahn vor dem Hauptstern durch, so schirmt er das Licht des Hauptsternes zum größten Teil ab, und das Lichtmeßgerät registriert auf der Erde ein Lichtminimum. Steht schließlich der Begleiter hinter dem Hauptstern, so äußert sich dies in einem nur geringen Helligkeitsrückgang, im Nebenminimum. Algol zeigt kleine Unregelmäßigkeiten in der Helligkeitskurve, weshalb schon um die Jahrhundertwende vermutet wurde, daß noch ein dritter Stern im Spiel sein muß. Tatsächlich konnte inzwischen dieser «Störstern» mit dem 5-Meter-

Aus der runden Form der Zeit-Helligkeits-Kurve schließt man beim Bedeckungsveränderlichen Beta Lyrae auf zwei oval verformte Partnersterne

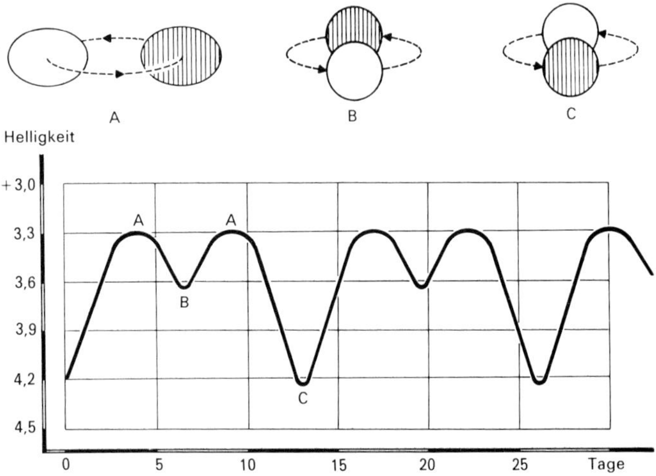

Teleskop von Mount Palomar lokalisiert werden, und möglicherweise ist sogar noch ein vierter Stern im Algol-System vorhanden.

Das Beispiel Algol zeigt in eindrucksvoller Weise, wie wichtig die Helligkeitskurve bei bedeckungsveränderlichen Sternen sein kann. Auch dem Stern Beta in der Leier, einem ungewöhnlich interessanten Bedeckungsveränderlichen, ist man über die Helligkeitskurve auf die Spur gekommen. Bei Beta Lyrae stehen die beiden Sternpartner so dicht beieinander, daß sie sich gegenseitig durch den Einfluß der Gravitation oval verformt haben. Wie zwei gegeneinander gerichtete, übergroße Eier umkreisen die beiden Sterne in einem gigantischen Ringelreihen das gemeinsame Schwerezentrum. Aus dem Spektrum geht weiter hervor, daß dabei laufend Materie ausgetauscht wird.

Mizar-Alcor: historischer Augenprüfer

Zwei Doppelsterne kannte man bereits im Altertum: Mizar-Alcor, den zweiten Deichselstern im «Himmelswagen», und das Sternpaar Epsilon in der Leier. Beide stehen an der Auflösungsgrenze des bloßen Auges und wurden daher schon im Altertum als «Augenprüfer» verwendet.

Nach der Erfindung des Fernrohres stießen die Himmelsforscher auf zahlreiche weitere Sternpaare, doch wurde zunächst keine wirkliche Zusammengehörigkeit vermutet. Tatsächlich gibt es viele Doppelsterne am Himmel – auch Mizar-Alcor gehört zu ihnen –, die uns nur als Doppelgestirn erscheinen, weil wir sie etwa in gleicher Blickrichtung sehen. In Wirklichkeit liegen sie jedoch weit hintereinander im Raum und haben nichts miteinander zu tun. Sie werden deshalb als *scheinbare* oder *optische Doppelsterne* bezeichnet.

Die Doppelsternforschung ist etwa gleich alt wie die Stellarastronomie. Wilhelm Herschel leistete Pionierarbeit auch auf diesem Gebiet, indem er Hunderte von Doppelsternen erstmals in einem Katalog zusammenfaßte. Herschel wies auch als erster auf eine mögliche physische Zusammengehörigkeit hin: Zwei Sterne bilden demnach ein zusammengehöriges System, wenn deren Partner sich nach den Gesetzen der Schwerkraft gegenseitig umkreisen.

Der Doppelstern Epsilon in der Leier (links oben vom hellen Hauptstern Wega) ist der bekannteste Vertreter der physischen Doppelsterne. In Wirklichkeit handelt es sich hier sogar um ein Vierfachsystem, denn jeder der beiden Sternpartner ist nochmals doppelt

Bis heute sind einige zehntausend Sterne als *physische Doppelsterne* erkannt, doch nur von etwa 600 liegt eine Bahnbestimmung und damit der beste Nachweis der wirklichen Zusammengehörigkeit vor. Trotzdem macht es den Anschein, daß vermutlich mehr als die Hälfte aller Sterne über einen oder sogar mehrere Begleiter verfügt. Der Nachweis dafür ist schwer zu erbringen, weil die meisten Doppelsterne Jahrzehnte und Jahrhunderte für einen Umlauf benötigen. Der Bahnabschnitt, der innerhalb eines Menschenlebens beobachtet werden kann, ist deshalb meist zu klein, um eine zuverlässige Bahnbestimmung zu ermöglichen.

Schwierig wird es bei den sogenannten *astrometrischen Doppelsternen*. Hier ist der dunkle Begleitstern nur aus Bahnstörungen, gleichsam aus «Taumelbewegungen» des größeren Hauptsternes erkennbar. Der kleinere unsichtbare Begleiter kann in einzelnen Fällen sogar als Planet angesprochen werden, als kleiner Körper also, der kein oder nur geringes Eigenlicht aussendet. So wird vermutlich Barnards Pfeilstern (s. Seite 57)

von einem planetaren Körper mit etwa zweifacher Jupitermasse umkreist. Vielleicht verteilt sich diese doppelte Jupitermasse auch auf mehrere Körper, so daß Barnards Pfeilstern wie unsere Sonne das Zentrum eines Planetensystems wäre.
Besonders interessant sind schließlich *spektroskopische Doppelsterne.* Die beiden Komponenten stehen dabei so eng beieinander, daß nur im Spektrum ihre Doppelsternnatur erkannt werden kann. Durch den Dopplereffekt (s. Seite 37) ergeben sich im Spektrum derartiger Objekte Linienverdoppelungen, die sich je nach Bewegungsrichtung der Partnersterne verschieben.
Aufregend und kompliziert wird die Sache bei *Mehrfachsystemen,* wenn also mehrere Sterne einander umkreisen. Algol gehört offensichtlich in diese Gruppe, doch auch der Stern Mizar ist ein ausgeprägtes Beispiel für ein derartiges System. Während Mizar-Alcor ein optisches Sternpaar bildet (die Komponenten gehören also nicht zusammen), ist Mizar seinerseits ein Mehrfachsystem. Schon im kleinen Amateurfernrohr können die beiden Hauptkomponenten Mizar A und B getrennt werden, doch zeigt dann das Spektroskop jeden der beiden Sterne nochmals als Sternpaar. Bei Mizar B läßt sich aus Bahnstörungen noch ein weiterer, dunkler Begleiter vermuten, so daß Mizar also letztlich ein fünffaches Sternsystem darstellt. Mehrfache Sternsysteme sind, wie man heute weiß, absolut keine Seltenheit im All. Der Mehrfachstern Mizar gilt also in diesem Sinne keineswegs als Ausnahme.

Sternhaufen

Mehrfach-Sternsysteme bilden eine Art Übergangsstufe zu eigentlichen größeren Sternverbänden, zu *Sternhaufen,* deren recht häufiges Auftreten man heute aus der Entwicklungsgeschichte der Sterne zu erklären sucht. Sterne entstehen, wie wir gesehen haben, meist in ganzen Gruppen, die sich jeweils für eine gewisse Zeitspanne als geschlossene Verbände mit gemeinsamem Zielpunkt durch das All bewegen. Grundsätzlich werden drei Arten von Sternhaufen unterschieden: Offene Sternhaufen, auch galaktische Haufen genannt, Assoziationen und Kugelsternhaufen.

Der Doppelsternhaufen «h und chi» im Perseus gilt als eines der schönsten Feldstecherobjekte (Amateuraufnahme mit 760 mm Brennweite)

Als typischer Vertreter eines *Offenen Sternhaufens* wurden bereits die Plejaden vorgestellt. Weitere bekannte Beispiele sind: die «Hyaden» im Sternbild Stier, «Praesepe» (Krippe) im Krebs und der prächtige Doppelsternhaufen «h» und «chi» im Sternbild Perseus. So verschieden diese einzelnen Sternhaufen auch aussehen, so haben sie doch einige auffällige Gemeinsamkeiten: Offene Sternhaufen bestehen lediglich aus einigen Dutzend Sternen und sind ausschließlich astronomisch junge Objekte, was aus den Spektraltypen der einzelnen Mitgliedssterne erkannt werden kann. Das Alter der «Plejaden» beispielsweise wird auf etwa 50 Millionen Jahre geschätzt, «h» und «chi» sind sogar nur etwa drei Millionen Jahre alt, und ein «Veteran» unter den offenen Sternhaufen, der zum Teil bereits aufgelöste Verband der «Hyaden», dürfte seit ungefähr 600 Millionen Jahren existieren. Bezeichnend ist auch, daß in offenen Sternhaufen

Die heißen Plejadensterne sind in ausgedehnte Gaswolken eingebettet, die das Licht der Sterne reflektieren

fast ausschließlich junge, heiße O-Sterne auftreten, die oftmals noch in Gaswolken eingebettet liegen. Zwar bilden hier die «alten» Hyaden-Sterne in gewissem Sinn eine Ausnahme, denn in dieser Gruppe sind neuerdings auch vereinzelte Rote Riesen und Weiße Zwerge, also eigentliche Spätstadien in der Sternentwicklung, nachgewiesen worden. Als weiteres Merkmal der Offenen Sternhaufen gilt die Tatsache, daß vor allem die jungen Haufen stark auf die Milchstraßenebene, ihren Ursprungsort, konzentriert sind. Dagegen ist es bei älteren und besonders bei uns nahe stehenden Sternhaufen oftmals schwierig, an den einzelnen Mitgliedern überhaupt noch den Gruppencharakter festzustellen. Sie fallen uns nur noch dadurch auf, daß ihre Einzelsterne etwa die gleiche Geschwindigkeit und Bewegungsrichtung zeigen. Sie werden deshalb auch *Bewegungssternhaufen* genannt. Übrigens sind die meisten hellen Sterne

im Sternbild «Großer Bär» Mitglieder im sogenannten Ursa-Major-Bewegungshaufen, der sich offensichtlich bereits in einem fortgeschrittenen Auflösungsstadium befindet. Insgesamt sind bis heute etwa 1000 offene Sternhaufen bekannt.
Weitaus weniger häufig treten *Sternassoziationen* auf, die wie die offenen Sternhaufen eine starke Konzentration zur Milchstraßenebene hin erkennen lassen. Etwa 80 sind bis heute nachgewiesen. Assoziationen sind noch lockerere Sternansammlungen als Offene Sternhaufen und lassen sich oft nur durch das auffallend häufige Auftreten von jungen und sehr jungen Sternen identifizieren. Entweder handelt es sich dabei um sehr junge O-Sterne oder um schon etwas fortgeschrittenere Sterne vom Typ T-Tauri (rote Zwergsterne mit veränderlicher Helligkeit). Beide Sterntypen gehören der entwicklungsgeschichtlich jungen Population I an, sind also ausgeprägte Jugendformen, wie man sie häufig in der Sonnenumgebung und überhaupt in den Spiralarmen unserer Milchstraße findet. Die Assoziationen werden zu den jüngsten Sternverbänden in unserem Milchstraßensystem gezählt. Durch ihre lockere Bindung weisen sie auch keine große Stabilität auf. Die bei der Rotation der Milchstraße auftretenden Scherkräfte bewirken,

Einige offene Sternhaufen

H = scheinbare Helligkeit E = Entfernung in Lichtjahren
D = Durchmesser in Lichtjahren Z = Anzahl Sterne

Bezeichnung	Sternbild	H	D	E	Z
Ursa Major	Gr. Bär	(−0,20)	23	72	100
Hyaden	Stier	(+0,60)	16	133	100
Plejaden (M 45)	Stier	1,3	13	410	120
Praesepe (M 44)	Krebs	3,7	13	652	100
h Persei	Perseus	4,1	62	7200	300
chi Persei	Perseus	4,3	65	7500	240
S Mon	Einhorn	4,3	23	2935	60

daß die Sterne einer Assoziation sehr rasch auseinanderstreben. Die bekannteste Sternassoziation liegt im Sternbild Orion, und zwar scheint ihr Zentrum bei den im Orionnebel eingebetteten «Trapezsternen», einem sechsfachen Sternsystem, zu liegen (siehe Umschlagbild).

Kugelsternhaufen: Vorposten der Milchstraße

Kugelsternhaufen unterscheiden sich grundsätzlich von Offenen Sternhaufen oder Assoziationen. Das einzige Gemeinsame scheint in der Tatsache zu liegen, daß auch in Kugelsternhaufen gleichzeitig entstandene Sterne zu einer Sterngruppe vereinigt sind. Während jedoch in Offenen Sternhaufen lediglich einige Dutzend Sterne zusammengeschlossen sind, bestehen die Kugelsternhaufen aus Tausenden von Einzelsternen. Da aber Kugelsternhaufen trotzdem nicht sehr viel größer sind, müssen die Sterne in ihrem Inneren sehr dicht gedrängt stehen. Tatsächlich: Während in den Randzonen eines Kugelsternhaufens noch deutlich einzelne Sterne unterschieden werden können, erscheint der Kern wie ein vollbepackter dichter Block. Die Ab-

Die hellsten Kugelsternhaufen

H = scheinbare Helligkeit
D = Durchmesser in Lichtjahren
E = Entfernung in Lichtjahren

Bezeichnung	Sternbild	H	D	E
Omega Cen	Kentaur	3,6	65	16 000
M 22	Schütze	5,1	30	10 000
M 13	Herkules	5,9	36	27 000
M 4	Skorpion	5,9	29	10 000
M 55	Schütze	6,3	52	22 000
M 3	Jagdhunde	6,4	42	42 000
M 15	Pegasus	6,4	36	42 000
M 92	Herkules	6,5	33	33 000

Kugelsternhaufen M 13 im Sternbild Herkules

stände der einzelnen Sterne dürften im inneren Kern auf «planetare» Distanzen zusammengeschrumpft sein, das heißt, die einzelnen Sterne liegen lediglich noch einige Lichtminuten oder Lichtstunden voneinander entfernt. Man nimmt an, daß in diesen geringen Abständen auch die Ursache der großen Stabilität liegt. Weil die Sterne in Kugelsternhaufen derart dichtgedrängt stehen, hindern sie sich gegenseitig durch den verstärkten Einfluß der Gravitation am Entweichen.
Etwa 500 Kugelsternhaufen sind bis heute bekannt. Alle stehen in recht großer Entfernung außerhalb unserer Milchstraße in den Randzonen eines kugelförmigen Raumes, der als «Halo» bezeichnet wird (vgl. Abb. S. 100). Diese eigenartige Erscheinung führt man auf die Entstehungsgeschichte unserer Milchstraße zurück. Wahrscheinlich sind die Kugelsternhaufen vor ungefähr zehn Milliarden Jahren aus der gleichen turbulenten Gasmasse wie unsere Milchstraße entstanden. Bestätigt wird diese Vermutung vorwiegend durch die Tatsache, daß in Kugel-

sternhaufen praktisch ausschließlich alte Sterne der Population II vereinigt sind. Es handelt sich um relativ massearme rote Riesen; auch Veränderliche werden häufig gefunden. Hingegen ist es bis heute nicht gelungen, interstellare Gasmassen in Kugelsternhaufen nachzuweisen. Auch dies wertet man als Indiz für das hohe Alter.
Kugelförmige Sternhaufen sind nicht etwa nur auf unsere Milchstraße beschränkt. Auch in uns benachbarten Galaxien — etwa im Andromedanebel — wurden sie inzwischen aufgefunden, und zwar erscheinen sie auch dort in einem «Halo».

Nebelflecken

Offene Sternhaufen und Kugelsternhaufen erscheinen dem bloßen Auge — wenn überhaupt — meist als schwach glänzende Wölkchen vor dem dunklen Himmelsuntergrund einer mondscheinlosen Nacht. Erst optische Geräte vermögen in der Regel Einzelheiten zu zeigen, und das Fernrohr oder die Kamera lösen zumindest in den Randzonen einzelne Sterne heraus. Doch zahlreiche verschwommene Wölkchen trotzen selbst der enormen Auflösungskraft eines Großteleskopes, meist weil sie entweder gar nicht aus Einzelsternen bestehen, oder auch, weil es sich um weitentfernte Galaxien handelt.
Charles Messier, einen französischen Astronomen des 17. Jahrhunderts, der sich auf Kometenentdeckungen spezialisiert hatte, störten diese zahlreichen Nebelflecken am Himmel, weil sie zumindest auf den ersten Blick ein ähnlich diffuses Aussehen wie Kometen offenbarten. Um sie nicht immer wieder mit entfernten «Schweifsternen» zu verwechseln, faßte Messier etwa 100 der hellsten Nebel in einem Katalog, der heute noch seinen Namen trägt, zusammen. Die unterschiedliche Natur der nebelartigen Objekte interessierte ihn dabei weniger: Dies ist der Grund, weshalb der Messier-Katalog in recht unübersichtlicher Art nahe Gasnebel, Sternhaufen, Kugelsternhaufen und Galaxien, also völlig verschiedene Objekte, einfach als «Nebel» erklärt. M 1 ist beispielsweise der «Crabnebel» — ein verhältnismäßig naher Gasnebel. M 42 entspricht dem Großen Orionnebel, M 45 sind die Plejaden, ein typischer Offener Sternhaufen, M 13 steht für den berühmten Kugelsternhaufen im Herku-

Der «Omega»-Nebel M 17 im Sternbild des Schützen ist 1764 von einem Schweizer Astronomen entdeckt worden.

les, und der Andromedanebel, eine uns benachbarte Galaxie, wird im Messier-Verzeichnis unter M 31 geführt.
Wesentlich ergänzt und erweitert wurde der Messier-Katalog durch Wilhelm Herschel (s. Seite 14ff.), und in neuesten Katalogen, die mit Hilfe der Fotografie erarbeitet wurden, sind Hunderttausende dieser eigenartigen Nebel verzeichnet.

Interstellare Materie sendet und reflektiert Licht
Was es mit den interstellaren Materiewolken und den gasförmigen Überresten von Nova- und Supernova-Explosionen auf sich hat, wurde in groben Zügen erläutert. In konzentrierter Form zeigt sich die Interstellarmaterie demnach als diffus leuchtende Gasmassen oder als dunkle Staubwolken. Entweder leuchten die meist mehrere hundert Lichtjahre großen Gasmassen selbständig durch die Energie benachbarter Sterne (Emissionsnebel), oder sie werden von nahen Sternen angestrahlt und zei-

gen dann ähnlich wie unser Mond nur «geborgtes» Licht (Reflexionsnebel). Oftmals treten auch Kombinationen dieser beiden Leuchtprinzipien auf; so sendet beispielsweise der Orionnebel zwar eigenes Licht aus, reflektiert aber gleichzeitig auch das Licht der eingebetteten Sterne. Nur reflektiertes Licht gelangt von den Plejadennebeln zu uns. Dagegen sind die planetarischen Nebel, die äußeren Überreste einer Sternexplosion, wieder typische Emissionsnebel, die ihre Energie meist von einem heißen Zentralstern beziehen. Als Beispiel dafür sei der «Ringnebel» in der Leier (Abb. S. 77) erwähnt.
Obwohl die sichtbaren interstellaren Gasmassen dem irdischen Beobachter manchmal sehr kompakt erscheinen, ist die Materiekonzentration in ihnen unvorstellbar gering. Während in einem Kubikzentimeter irdischer Luft einige Trillionen (!) Moleküle gezählt werden könnten, dürften sich im gleichen Volumen einer interstellaren Gaswolke lediglich einige hundert Moleküle oder Atome aufhalten. Die Interstellare Materie ist also auch in «dichteren» Regionen äußerst verdünnt, und ein in irdischen Apparaturen erzeugtes Ultrahochvakuum enthält immer noch wesentlich mehr atomare Teilchen als das kosmische Gas.

Leben – eine universelle Erscheinung?

Aber auch in anderen Regionen des Himmels, wo optisch nichts auf gasförmige Materie hindeutet, läßt sich das interstellare Gas nachweisen, und zwar über seinen Hauptanteil, den Wasserstoff. Neutrale Wasserstoffatome «strahlen» nämlich unverkennbar im Radiobereich auf der Wellenlänge von 21 Zentimetern. So läßt sich praktisch in der ganzen Milchstraße die Interstellare Materie als *universeller Baustein* nachweisen, ja aus den Konzentrationen in bestimmten Gebieten konnte man sogar die Spiralwindungen unseres Milchstraßensystems ableiten. Die Interstellare Materie scheint in den ausgedehnten Weiten unserer Milchstraße allgegenwärtig zu sein, und obwohl das kosmische Gas nur in höchster Verdünnung auftritt, dürfte seine Gesamtmasse die aller Sterne bei weitem übertreffen. Im Grunde genommen ist deshalb die oft gelesene Angabe, unsere Milchstraße vereinige 100 oder 200 Milliarden Sonnen, nicht ganz korrekt, weil ja damit keine Aussage über die beträchtli-

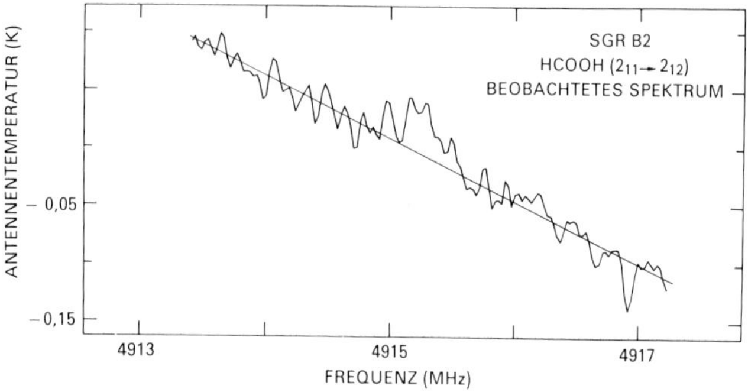

Radioastronomisches Spektrum von Ameisensäure, die mit dem 100-Meter-Radioteleskop von Effelsberg im Weltall nachgewiesen werden konnte

chen Gasanteile gemacht werden. Sinnvoller wird deshalb die Angabe, die Milchstraße enthalte eine Gesamtmasse, die etwa der 200milliardenfachen Sonnenmasse entspreche, denn darin sind nun auch die ungebundenen Anteile der Interstellaren Materie berücksichtigt.

Wasserstoff stellt bekanntlich mit 60 Prozent den Hauptanteil, und auch Helium ist mit 38 Prozent recht stark im kosmischen Gas vertreten. Doch neuere Untersuchungen an den restlichen zwei Prozenten haben zum Teil zu erstaunlichen Resultaten geführt: Innerhalb unserer Milchstraße gelang es einwandfrei, verschiedene *organische* Substanzen nachzuweisen, zum Beispiel Kohlenmonoxid, Ammoniak, Formaldehyd, Ameisensäure und sogar Wasserdampf. Da dies alles elementare Grundbausteine zur Entwicklung von Organismen sind, erscheint die uralte Frage nach außerirdischem Leben nun plötzlich in neuem Licht. Offensichtlich liegen die Wurzeln des Lebens bereits in rudimentärer Form in den interstellaren Gaswolken verborgen, und aus der Tatsache, daß auch in anderen Galaxien diese organischen Moleküle in ziemlich gleicher Häufigkeit auftreten, neigt man nun auch in wissenschaftlichen Kreisen zur Ansicht, daß Leben eine universelle Erscheinungsform sein könnte!

Im Reich der Galaxien

Der Name der Milchstraße gründet, wie so manche andere Bezeichnung für astronomische Erscheinungen (Sternbilder), in der griechischen Mythologie. Nach der Sage stammt das milchweiße Band, das sich in klaren, mondscheinlosen Nächten quer über das Himmelsgewölbe spannt, von der Brust der Göttermutter Hera. Eine andere, sehr frühe Ansicht aus dieser Zeit bezeichnet die Milchstraße als Spalt, der bei der Montage der beiden Himmelshalbkugeln offen geblieben sei, und durch den nun das himmlische Feuer durchschimmere. Interessanterweise entstand fast gleichzeitig mit diesen und ähnlichen fantasievollen Erklärungen auch der erste physikalische Deutungsversuch, der außerdem der Wirklichkeit sehr nahe kam. Der griechische Denker Demokrit sprach schon um 400 v. Chr. von der Möglichkeit, daß die Milchstraße aus zahllosen weit entfernten Sternen bestehen könnte, deren Licht durch die große Entfernung zusammenfließe.

Die Milchstraße beschäftigte viele Denker

Im Mittelalter waren dann noch andere Bezeichnungen üblich: «Weiße Straße», «Jakobstraße», «Sonnenstraße» oder auch schlicht «Himmelsgürtel» sind uns überliefert; hingegen sind naturwissenschaftliche oder philosophische Betrachtungen über das Wesen der Milchstraße aus dieser Zeit nicht bekannt.
Erst im Jahre 1610 konnte die bis dahin unbewiesene Behauptung Demokrits überprüft und gleichzeitig bestätigt werden. Galileo Galilei richtete damals sein Fernrohr auch auf das zarte Lichtband am Himmel und schrieb daraufhin in seinem «Sternenboten», mit dem er diese und andere Entdeckungen präsentierte: «Meine dritte Beobachtung betrifft das Wesen der Milchstraße. Sie ist nichts anderes als eine Ansammlung von unzähligen, in Haufen gruppierten Sternen. Wohin man das Fernrohr in ihr auch richten mag, es zeigt sich sogleich eine ungeheure Anzahl von Sternen. Einige erscheinen ziemlich groß und auffallend; die Zahl der kleinen jedoch ist kaum zu erfor-

schen.» Galilei machte sich noch keine Gedanken über die Natur der Milchstraße, hingegen äußerte sein Zeitgenosse Kepler bereits die Vermutung, daß es sich um ein *Sternsystem* handeln könnte.
Im Jahre 1755 veröffentlichte der berühmte Königsberger Philosoph Immanuel Kant ein Buch mit dem Titel «Allgemeine Naturgeschichte und Theorie des Himmels». Darin erläutert Kant mit klugen Überlegungen und philosophischer Gründlichkeit, daß die Milchstraße ähnlich wie unsere Planetenwelt aufgebaut sein könnte. Alle Fixsterne gehören demnach einem geschlossenen System an, das um einen zentralen Mittelpunkt kreist. Kant machte sich auch ausführlich Gedanken, wie dieses Sternsystem entstanden sein könnte, doch beweisen konnte er seine Theorien nicht. Immerhin rechnete er mit der Unterstützung der Fachleute: «Man müßte die Beobachtungen» — schrieb Kant — «vornehmlich auf die Sterne der Milchstraße richten, welche der Hauptplan aller Bewegungen ist.»

Die Milchstraße — ein System von Sternen
Kants Hoffnung erfüllte sich noch im gleichen Jahrhundert. Wilhelm Herschel nahm sich mit seinen «Sterneichungen» des Problems an und konnte in seiner 1785 erschienenen Abhandlung «Über den Bau des Himmels» triumphierend verkünden: «Daß die Milchstraße eine sehr ausgedehnte Schicht von Sternen verschiedener Größe ist, läßt nicht den geringsten Zweifel übrig. Und daß unsere Sonne wirklich einer der Himmelskörper ist, die zur Milchstraße gehören, ist ebenso augenscheinlich.»

Seitenansicht unserer Milchstraße nach den Vorstellungen von Wilhelm Herschel (1785)

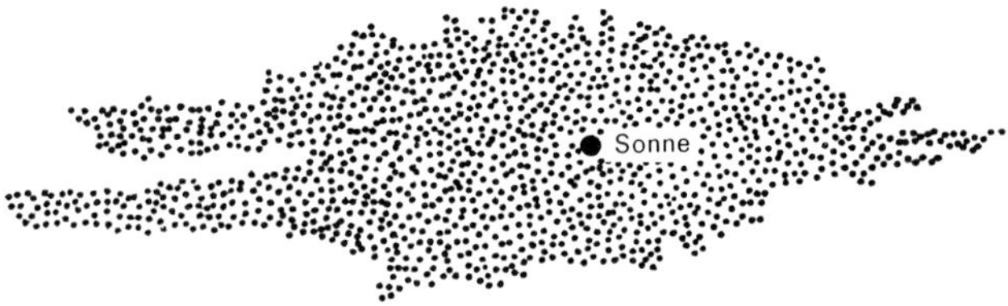

Links: Zeichnung der Galaxie M 51 von Lord Rosse (1850). Rosse erkannte erstmals die Spiralwindungen bei einigen Nebelobjekten

Unten: Das gigantische 1,80-Meter-Teleskop des Lord Rosse

Herschel berechnete die Gesamtzahl der in unserem Milchstraßensystem vereinigten Sterne auf etwa 20 Millionen. Die beschränkte Reichweite seiner Teleskope gab ihm Anlaß zu dieser relativ bescheidenen Zahl. Außerdem verlegte er den Ort der Sonne ins Zentrum des ziemlich merkwürdig geformten Sternsystems (Abb. S. 98). Aber trotz dieser Fehler konnte Herschel erstmals mit naturwissenschaftlichen Beobachtungen beweisen, daß die Milchstraße tatsächlich ein Sternsystem ist.
Lord Rosse, ein begüterter irischer Amateurastronom, baute um 1850 ein riesiges Spiegelfernrohr, mit dem er vor allem die merkwürdigen Nebelflecken am Himmel untersuchte. Er entdeckte bei einigen Nebeln eine ausgeprägte Spiralstruktur. Lord Rosses Zeichnungen sind erhalten geblieben und zeigen eine verblüffende Ähnlichkeit mit modernen Fotografien (Abb. S. 99, 105).
Durch diese Entdeckung entstand bald die Vermutung, daß auch unsere Milchstraße derartige Spiralwindungen zeigen könnte. Doch im optischen Bereich ist der Beweis dafür recht schwierig zu führen, da dunkle kosmische Staubwolken und dichte Sternwolken uns den Blick in tiefere Räume der Milchstraße verwehren. Hingegen ist es mit den Hilfsmitteln der Radioastronomie, insbesondere durch die 21-cm-Wellenstrahlung des interstellaren Wasserstoffes, gelungen, uns ein recht gutes

Schematische Seitenansicht unserer Milchstraße nach modernen Erkenntnissen

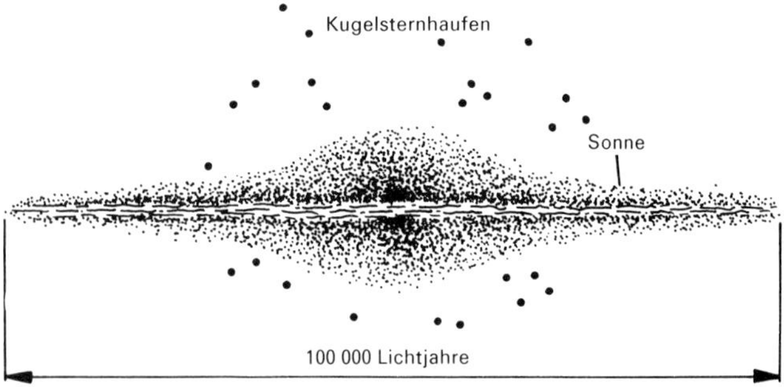

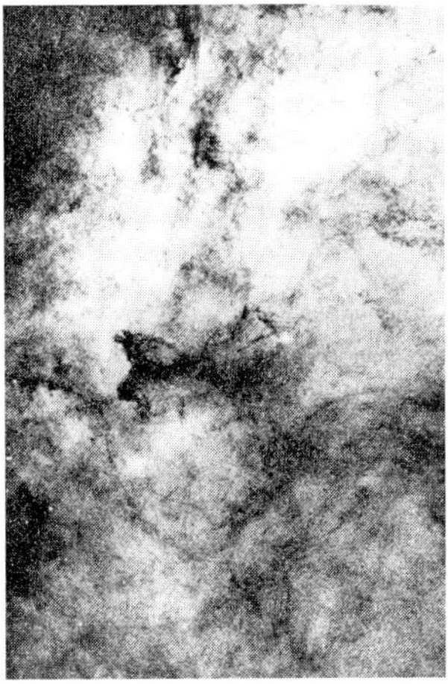

Chaotische Staub- und Nebelmassen verhindern den Blick auf das Milchstraßenzentrum. Jeder Lichtpunkt auf dieser Aufnahme ist eine Sonne!

Bild unseres Systems zu vermitteln, und tatsächlich zeigt unsere Milchstraße mehrere Spiralwindungen.
Die Milchstraße ist also eine größere Ansammlung von einzelnen Sternen; ein überdimensionierter Sternhaufen aus einzelnen Sonnen, die manchmal kleiner, meist jedoch größer als unser recht kümmerlicher Zwergstern sind. Vielleicht etwa 100 Milliarden Sterne verschiedenster Entwicklungs- und Altersstufen sind in dieser gigantischen abgeflachten Scheibe zusammengefaßt. Ausgedehnte Gas- und Staubmassen drängen sich dazwischen und konzentrieren sich auf die Ebene der Milchstraße. Etwa 100 000 Lichtjahre beträgt die größte Ausdehnung; 30 000 Lichtjahre mißt die Entfernung an der dicksten Stelle der linsenförmigen Scheibe (Abb. links). Unsere Sonne führt ein etwas abgeschiedenes Dasein etwa 30 000 Lichtjahre vom Zentrum entfernt, das von uns aus gesehen in Richtung des Sternbildes Schütze liegt. Der Schütze kann in klaren Augustnächten tief über dem Südhorizont gesehen werden. Auffallend dichte und ausgeprägte Sternwolken, gemischt mit zahlreichen Gas-

und Dunkelwolken (Abb. S. 101), verwehren den Blick auf den eigentlichen Kern, doch auch hier vermag die Radioastronomie weiterzuhelfen. «Sagittarius A» ist die Bezeichnung der Radioquelle, die den Milchstraßenkern signalisiert; sie ist eine der stärksten Radioquellen an unserem Himmel. Blicken wir in entgegengesetzter Richtung, also am Winterhimmel zum Sternbild Orion, so erscheinen die Sterne viel weniger dichtgedrängt. Dieser Unterschied kommt daher, daß unsere Sonne sich in einer mittleren Randzone aufhält. Blicken wir in Richtung des Milchstraßenzentrums, so erscheinen die Sterne in der Weite des Raumes sehr viel tiefer gestaffelt, als wenn wir gegen den Rand und damit aus dem System hinaussehen.

Von der Wanderschaft der Sterne

Auffällig ist die Sternverteilung in der Milchstraße auch von den Spektraltypen her, aus denen bekanntlich über das Hertzsprung-Russel-Diagramm Aussagen über das Alter der Sterne möglich sind. In der an kosmischem Gas und Staub reichen Ebene der Milchstraße, vor allem in den Spiralarmen, treten vorwiegend junge O- und B-Sterne der Population I in Erscheinung. Dagegen sind fortgeschrittenere Stadien in der Sternentwicklung, die eigentlichen «Sterngreise» der Population II, einerseits im Kern und dann wieder in den peripheren Randzonen und dort vor allem in den Kugelsternhaufen anzutreffen. Dies ist bekanntlich entwicklungsgeschichtlich bedingt. Neue Sterne entstehen, wie erwähnt, vor allem in der Milchstraßenebene und treiben dann mit zunehmendem Alter an den Rand hinaus. Die sphärische Verteilung der Kugelsternhaufen im «Halo» und die Konzentration der alten Sterne im Milchstraßenkern deuten außerdem darauf hin, daß unsere Milchstraße zum Zeitpunkt ihrer Entstehung selbst kugelförmig gewesen ist. Das riesige Millionenheer der Milchstraßensterne befindet sich in einer dauernden Umlaufbewegung. Der Kern, in dem die Sterne sehr dicht gedrängt stehen, rotiert neueren Untersuchungen zufolge wie ein fester Körper – möglicherweise sogar mit entgegengesetztem Drehsinn zu den übrigen Sternen. Gegen den Rand hinaus umlaufen die Sterne mit sehr unterschiedlichen Geschwindigkeiten das Milchstraßenzentrum. In

etwa 20 000 Lichtjahren Entfernung vom Kern sind die Sterne am schnellsten. Unsere Sonne, die etwa 30 000 Lichtjahre vom Milchstraßenkern entfernt ist, bewegt sich in einer fast kreisförmigen Bahn mit einer Geschwindigkeit von etwa 250 Kilometern in der Sekunde. Rund 200 Millionen Jahre benötigt sie trotz dieser unvorstellbaren Geschwindigkeit für einen einzigen Umlauf. Am ehesten läßt sich die Rotation der Milchstraße mit einer Feuerwerkssonne vergleichen. Auch bei ihr werden die Spiralarme in den Randzonen in gewissem Sinne «nachgeschleppt», während in mittleren Zonen die Rotationsgeschwindigkeit bedeutend höher ist.
Unsere Milchstraße besitzt zwei kleine Begleitsysteme, die aber nur am südlichen Sternenhimmel sichtbar sind. Sie tragen die Bezeichnung «Magellansche Wolken», sind selbständige Sternsysteme und vereinigen je einige Millionen Sterne. Die Entfernung zu ihnen beträgt etwa 160 000 Lichtjahre.

Galaxien

Seit spätestens 1923 weiß man, daß unsere Milchstraße keineswegs das einzige so riesige Sternsystem ist. Damals gelang es dem amerikanischen Astrophysiker Edwin P. Hubble, mit Hilfe des 2,50-Meter-Spiegelteleskopes auf dem Mount Wilson erstmals Einzelsterne jenseits der Milchstraßengrenzen aufzuspüren. Dies erreichte er zunächst in den Randzonen des Andromedanebels, doch durch die raumdurchdringende Kraft der großen Teleskope und der Fotografie konnten auch in anderen nahegelegenen Galaxien einzelne Sterne aus dem nebligen Schimmer herausgelöst werden. Damit übersprang die Astronomie die Grenzen unserer Milchstraße und stieß in den extragalaktischen Raum vor.
Unter den Einzelsternen wurden auch einige Cepheiden-Veränderliche ausgemacht, und mit ihrer Hilfe wurde die Entfernung der nahegelegenen Galaxien bestimmt. Der Andromedanebel liegt nach neueren Untersuchungen etwa 2,3 Millionen Lichtjahre entfernt; M 33, eine andere benachbarte Galaxie, etwa 2,4 Millionen Lichtjahre. Inzwischen wurden noch nähere «Nachbarn» (kleine Systeme mit nur geringer Flächenhelligkeit) am Himmel gefunden, doch auch von ihnen benötigt das Licht im-

Links: M 33, eine uns benachbarte Galaxie mit ziemlich lockeren Spiralarmen
Rechts: Eine der schönsten Galaxien ist M 81 im Grossen Bären. Etwa 150 Milliarden Sonnen sind in diesem gigantischen Feuerrad in einer Entfernung von rund sechs Millionen Lichtjahren vereinigt

mer noch Hunderttausende von Jahren, bis es auf der Erde angelangt ist.
Mit der enormen Reichweite der fotografischen Riesenfernrohre stieg die Zahl neuentdeckter Galaxien ins Unermeßliche. Verschiedene Grundformen wurden identifiziert, und daraus – ähnlich wie bei den Sternen – ein Klassifizierungssystem abgeleitet. Die Grobeinteilung der Galaxientypen sei im folgenden kurz vorgestellt.

Vielfalt der Galaxien

Eine erste wichtige Hauptgruppe bilden die *spiralförmigen Galaxien,* also jene, die in ihrem Aussehen am ehesten einer Feuerwerkssonne gleichen. Rund 80 Prozent aller Galaxien zeigen

Links: Die berühmte «Whirlpool»-Galaxie M 51 im Sternbild der Jagdhunde (vgl. auch Abb. Seite 99 oben)
Rechts Seitenansicht einer Galaxie: Deutlich erkennbar ist auf dieser Aufnahme die in der Systemebene konzentrierte Interstellarmaterie

eine derartige Form. Spiralnebel werden je nach Zahl und Form der Spiralwindungen in Untergruppen weiter unterschieden. Besonders interessante Vertreter sind dabei die Balkenspiralen (Abb. S. 106), bei denen lediglich zwei Spiralarme zu sehen sind. Unsere Milchstraße würde — von oben betrachtet — der Galaxie M 33 sehr ähnlich sehen, während sie von der Seite etwa mit dem System auf der Abbildung oben rechts zu vergleichen wäre.
In einer weiteren Hauptgruppe werden die *elliptischen Galaxien* erfaßt, also jene Sternsysteme, die keine erkennbare Struktur in der Sternanordnung zeigen. Als bekannte Beispiele dieser Galaxiengruppe seien die beiden Begleitsysteme des Andromedanebels, M 32 und NGC 205, erwähnt (Abb. S. 62).

NGC 1300 — eine typische Balkenspiral-Galaxie, bei der lediglich zwei Spiralarme festgestellt werden können

Schließlich sind in der dritten Hauptgruppe die seltenen Galaxien mit *irregulärer* Gestalt vereinigt. Nur etwa jede dreißigste Galaxie zeigt eine unregelmäßige Form, und eines der berühmtesten Beispiele ist M 82 im Sternbild des Großen Bären. Hier steht ziemlich sicher fest, daß die merkwürdig zerrissene Form des Nebels von einer gigantischen kosmischen Katastrophe herrührt. Sehr wahrscheinlich ist vor einigen Jahrmillionen der ganze Kern von M 82 wie eine riesige Supernova zerplatzt, und die rote Farbe im Innern, die bei Farbaufnahmen sehr ausgeprägt hervortritt, erklärt man sich durch ungeheure Gasmengen, die noch heute mit über 1000 Kilometern pro Sekunde ins All hinausgeschleudert werden (Abb. S. 108).
Galaxien sind in der Regel mehrere Millionen Lichtjahre voneinander getrennt. Trotzdem kommt es vor, daß zwei Galaxien sich direkt begegnen und sogar gegenseitig durchdringen können. Durch die weiten Abstände stoßen die Einzelsterne der beiden

Links: Elliptische Galaxie NGC 147 in der Andromeda. In den Randzonen dieses etwa eine Milliarde Sonnen umfassenden Systems sind bereits Einzelsterne zu erkennen
Rechts: Starke Radiostrahlung aus diesem Objekt deutet auf einen Zusammenstoß von zwei Galaxien hin

Galaxien kaum je zusammen; trotzdem treten bei Milchstraßenbegegnungen gewisse «Katastropheneffekte» auf. Insbesondere kann es passieren, daß der kleineren der beiden Galaxien die interstellare Materie «geraubt» wird, und dies äußert sich meistens durch ziemlich starke Strahlung im Radiobereich. Milchstraßenbegegnungen stellen also eine weitere Form von «Kannibalismus» im All dar, denn in der kleineren Galaxis können ohne interstellare Materie keine neuen Sterne mehr entstehen; der «Nachwuchs» fehlt, und die Galaxie altert schnell. Außerdem sind zwischen nahestehenden Galaxien «Gezeitenwirkungen» bekannt, in denen Materie ausgetauscht werden kann. Auch zwischen unserer Milchstraße und den Magellanschen Wolken sind derartige Erscheinungen erkannt worden.

M 82 im Großen Bären – eine explodierende Galaxie?

Galaxienhaufen

Im Umkreis von etwa drei Millionen Lichtjahren halten sich ungefähr 20 Galaxien auf. Diese sehr unterschiedlich großen Sternsysteme könnte man mit gutem Grund als unsere «Nachbarn» bezeichnen, obwohl man sich stets die ungeheure Entfernung von einer einzigen Million Lichtjahren vor Augen halten muß. Diese zwanzig Nachbargalaxien bilden zusammen mit unserem Milchstraßensystem die sogenannte «Lokalgruppe».
Man hat nämlich – nicht zuletzt dank dem Einsatz des 5-Meter-Teleskops auf dem Mount Palomar – erkennen müssen, daß auch die Galaxien nicht etwa ein eigenständiges Leben im Weltall führen, sondern sich wiederum gruppenweise zu Systemen zusammenfinden. Dank der raumdurchdringenden Kraft großer Fernrohre ist es inzwischen gelungen, Tausende, ja Zehntausende derartiger *Nebelhaufen* auszumachen. Bis zu über 2000 einzelne Galaxien, jede ein unserer Milchstraße ver-

Links: Galaxienhaufen im Sternbild Coma Berenices. Jeder diffuse Lichtpunkt auf dieser langbelichteten Aufnahme ist in Wirklichkeit ein Milchstraßensystem aus Milliarden einzelner Sonnen! Entfernung über 250 Millionen Lichtjahre
Unten: Zentrum eines etwa 80 Millionen Lichtjahre entfernten Nebelhaufens

Einige Galaxienhaufen

E = Entfernung
in Millionen Lichtjahren

FG = Fluchtgeschwindigkeit
in Kilometern pro Sekunde

Name	Anzahl Galaxien	E	FG
Virgo	2500	36	1 150
Pegasus I	100	130	3 800
Perseus	150	190	4 800
Coma	1000	220	6 700
Cluster A	400	490	15 800
Ursa Major I	300	520	15 400
Leo	300	570	19 500
Bootes	150	1240	41 000
Hydra II	?	2000 ?	60 600

gleichbares Sternsystem, schließen sich jeweils zu einem Galaxienhaufen zusammen. Alle Mitglieder umkreisen dabei ein gemeinsames Zentrum. Der uns benachbarte Galaxienhaufen steht in Richtung des Sternbildes Jungfrau. Nur etwa 36 Millionen Lichtjahre ist dieser sogenannte Virgo-Haufen von uns entfernt. Doch von den weitesten Galaxienverbänden, die mit den größten Teleskopen gerade noch erkannt und fotografiert werden können, ist das Licht gar zwei bis drei Milliarden Jahre unterwegs! Auf der langbelichteten Fotoplatte verraten sich in diesem Fall die einzelnen Galaxien lediglich noch durch kaum erkennbare feine Lichtpünktchen, die fast nicht mehr von feinen Sternchen zu unterscheiden sind.
Ungeheure Dimensionen haben sich mit der Entdeckung von Galaxienhaufen eröffnet, doch an Ungeheuerliches hat sich der Astronom von heute gewöhnen müssen.

Quasistellare Objekte

In den sechziger Jahren ist man einem neuen kosmischen Rätsel auf die Spur gekommen: Radioastronomen haben an verschiedenen Stellen des Himmels punktförmige Objekte geortet, die offenbar in keiner Weise in unser schon so vielfach revidiertes modernes Weltbild zu passen scheinen.

Quasistellare Objekte, abgekürzt *Quasare,* sind rätselhafte Objekte, die sich aufgrund ihrer erkennbaren starken Rotverschiebung in den Randgebieten des Universums aufhalten müssen. Aus Entfernungen, die zwischen vier und zwölf Milliarden Lichtjahren liegen müssen, strahlen die Quasare aber Energiemengen ab, die nach herkömmlichen physikalischen Berechnungen einfach unvorstellbar sind. Handelt es sich möglicherweise um explodierende Galaxien am Rande des Universums, oder sind die Quasare verhältnismäßig nahe Objekte, die durch unerklärliche Vorgänge eine starke Rotverschiebung und damit die große Entfernung nur vortäuschen? Die Frage ist noch nicht entschieden, aber alles deutet darauf hin, daß die Quasare doch die weitestentfernten Objekte im Weltall darstellen. Mit bekannten physikalischen Mitteln kann in diesem Fall aber die ungeheure Energieproduktion, die etwa der 200fachen einer riesigen Galaxie entsprechen müßte, nicht oder nur unvollständig erklärt werden.

Diese und andere offene Fragen um die Quasare haben dazu geführt, daß man vielleicht gezwungen ist, die Quasare in ganz anderen Dimensionen zu sehen, als es im bisherigen Weltbild üblich war. Die Quasarforschung zeigt darüber hinaus, wie notwendig und wirksam die moderne Astrophysik sein kann.

Der Ursprung der Welt

Das Quasar-Phänomen leitet zu einer weiteren sehr aktuellen und zentralen Frage über: auf die Frage nach dem Woher unserer Welt. Natürlich gab es früher zahlreiche Spekulationen, die von Götter-Hypothesen der Antike bis zu mehr oder weniger vagen Erklärungsversuchen der Neuzeit reichen. Jedoch hat erst die moderne Wissenschaft einige Fakten aufgedeckt, die zur Beantwortung dieser Frage wenigstens andeutungsweise dienen können.

Ist das Universum begrenzt?
Zunächst einmal ist die wichtige Tatsache festzuhalten, daß sich das Weltall zumindest im jetzigen Zeitpunkt und von der Erde aus gesehen ausdehnt — es *expandiert.* Der Beweis dafür wird durch die Spektren weitentfernter Galaxien und Galaxienhaufen geliefert: Der Dopplereffekt (s. Seite 37), der sich durch eine spektrale Linienverschiebung nach dem roten Bereich hin äußert, erlaubt die Bestimmung der Fluchtgeschwindigkeit, mit der die Galaxien nach außen rasen. Hubble hat dabei schon 1929 die wichtige Entdeckung gemacht, daß mit wachsender Entfernung auch die Geschwindigkeit zunimmt (Hubblesche Konstante). So sind heute Galaxienhaufen in Entfernungen von etwa einer Milliarde Lichtjahren gesichtet worden, die sich mit über 30 000 Kilometern pro Sekunde ausdehnen. Der rund acht Milliarden Lichtjahre entfernte Quasar 3 C 9 enteilt gar mit über 200 000 Kilometern pro Sekunde.
Nach der Einsteinschen Relativitätstheorie kann nun aber kein Körper eine höhere Geschwindigkeit als Lichtgeschwindigkeit (300 000 km/s) annehmen, weil mit wachsender Geschwindigkeit auch die Masse des Körpers zunimmt. Diese theoretische Aussage des genialen Physikers wurde immer wieder angezweifelt, doch gehört sie heute zu den bestfundierten Aussagen, die die moderne Physik überhaupt kennt. Beschleunigt man nämlich in einem großen Teilchenbeschleuniger, einem sogenannten Zyklotron, wie sie heute verschiedene physikali-

sche Institute besitzen, atomare Teilchen fast auf Lichtgeschwindigkeit, so werden die winzigen Partikelchen tatsächlich mit zunehmender Geschwindigkeit immer schwerer.
Aus der spektralen Rotverschiebung und aus der Einsteinschen Geschwindigkeitsgrenze läßt sich nun aber die Ausdehnung der Welt ungefähr abschätzen: Etwa 15 Milliarden Lichtjahre «groß» dürfte demnach unser Universum sein.
Über die Form der Welt wurde schon viel spekuliert, doch auch hier hat erst die neuere Forschung konkrete Ansatzpunkte anzubieten. Als Bewohner der Erde sind wir gewohnt, in drei Dimensionen zu denken. Mit Länge, Breite und Höhe können wir Menschen einen Raum leicht und genügend genau beschreiben — schwieriger wird es hingegen, wenn plötzlich eine vierte Dimension ins Spiel kommt. Unser Anschauungsvermögen streikt in einem solchen Fall, doch in der Mathematik ist es ohne weiteres möglich, in vier, fünf oder sogar beliebig vielen Dimensionen zu arbeiten.
Im Universum ist nun die vierte Dimension, die maßgeblichen Einfluß bekommt, die Zeit — Albert Einstein hat dies erkannt. Die Form des Universums läßt sich deshalb nur in einem *Raum-Zeit-Kontinuum* mathematisch beschreiben, wobei aber auch so noch manche Frage offenbleibt.
Wir können unserem beschränkten Vorstellungsvermögen mit einem Kinderballonmodell behelfen. Dabei müssen wir uns vorstellen, daß auf der Oberfläche des Ballons einzelne Punkte aufgemalt sind — jeder von ihnen entspricht einer einzelnen Galaxie oder einem Galaxienhaufen. Blasen wir nun den Ballon langsam auf, so entfernt sich mit zunehmender Ballongröße jeder Punkt vom anderen — jede Galaxie, jeder Galaxienhaufen läuft den Nachbarn davon. Genau diesen Effekt können wir mit der Fluchtbewegung der Galaxien feststellen. Außerdem zeigt unser Luftballonmodell, daß das Weltall zwar endlich groß, aber unbegrenzt ist. Denn wohin wir uns auch in der gekrümmten Ballonoberfläche begeben (oder im gekrümmten Universum), wir stoßen nirgends an eine Grenze. Es ist sogar (wenigstens in Gedanken) möglich, das gesamte Universum zu durchqueren, um automatisch wieder an den Ausgangspunkt zurückzukehren.

Der Schöpfungsplan

Die Idee, der Kosmos sei nach einem dynamischen Ordnungsschema aufgebaut, stammt aus dem frühen 19. Jahrhundert. Tatsächlich läßt sich heute aus den Umlaufbewegungen der Himmelskörper eine hierarchische Systemgliederung zumindest modellmäßig überzeugend ableiten:

Systeme	I. Ordnung:	Planeten und Planetenmonde
Systeme	II. Ordnung:	Sonnen und Planeten, Doppel- und Mehrfach-Sternsysteme
Systeme	III. Ordnung:	Größere Sternverbände, wie offene Sternhaufen und Assoziationen
Systeme	IV. Ordnung:	Galaxien
Systeme	V. Ordnung:	Galaxienhaufen
Systeme	VI. Ordnung:	Superhaufen?

Die Existenz von Superhaufen (Verbände von Galaxienhaufen) gilt heute noch nicht als gesichert. Auch die rätselhaften Quasare lassen sich (noch) nicht in eine der obenstehenden Ordnungsgruppen einfügen.

Immerhin läßt sich aber ein hierarchisch aufgebautes Universum recht gut mit der Urknalltheorie vereinbaren. Nach neuesten Vorstellungen kühlte sich die anfänglich über 100 Milliarden Grad heiße Materie innerhalb einiger hunderttausend Jahre soweit ab, daß erste Wasserstoffatome entstehen konnten. Aus diesem Gas bildeten sich durch den nun überwiegenden Einfluß der Gravitation größere Materieklumpen, die mit sinkender Temperatur im Laufe der Zeit in immer kleinere, dichtere Teile zerfielen. So leuchteten nach und nach die ersten Sterne auf; es entstanden Sterngruppen, Doppelsterne und wohl auch Planetensysteme. Doch durch die universelle Kraft der Gravitation blieben die Sterne in Galaxien und diese wiederum in Galaxienhaufen und möglicherweise sogar in Superhaufen vereinigt.

Die Hierarchie im Weltall wird also nach dieser Theorie auf die Entwicklungsgeschichte des Universums zurückgeführt.

«Big Bang»

Wir führen diese Gedankenakrobatik, die allerdings sehr reale Hintergründe hat, noch ein bißchen weiter und stoßen so auf die Frage nach dem Beginn unserer Welt, denn irgendwann hat die Expansionsbewegung der Galaxien ja ihren Anfang genommen.

Man nimmt heute an, daß vor ungefähr 15 Milliarden Jahren die gesamte Materie des Universums in einem superdichten Materiepaket, dem «Ur-Ei», konzentriert war, das aus unbekannten Gründen explosionsartig auseinanderflog. Durch diese «Urknalltheorie» läßt sich sehr gut die noch heute beobachtete Expansion des Weltalls erklären. Eine weitere Entdeckung der jüngsten Zeit scheint diesen Erklärungsversuch über die Entstehung der Welt ebenfalls zu stützen: Aufgrund von theoretischen Überlegungen ermittelte bereits 1948 der Physiker George Gamow, daß die im «Ur-Ei» komprimierte, sehr heiße Materie durch den Expansionsvorgang bis heute sehr stark abgekühlt sein müsse. 1965 fanden die beiden Physiker Arno Penzias und Robert Wilson zufällig im Zentimeterbereich eine schwache Radiostrahlung, die gleichmäßig von allen Seiten auf der Erde eintrifft. Diese *kosmische Hintergrundstrahlung* – in der Fachwelt führt sie die aufschlußreiche Bezeichnung «Strahlung eines schwarzen Körpers bei drei Kelvin» – läßt sich nicht auf ein bestimmtes Objekt im Weltall zurückführen; sie gilt als «Echo des Urknalls». Begann die Schöpfung also mit einem großen Knall?

Kann Materie aus dem «Nichts» entstehen?

Trotz des Nachweises der kosmischen Hintergrundstrahlung, der in so sensationeller Weise eine theoretische Voraussage bestätigt, steht der Urknalltheorie noch immer ein anderer Erklärungsversuch zur Entstehung der Welt gegenüber. Es ist dies die Theorie vom «Steady State», vom stationären Universum. Diese ältere Modellvorstellung geht im Gegensatz zur Urknalltheorie vom Grundsatz aus, daß im Weltall laufend neue Materie geschaffen wird. Außerdem muß die Materie im stationären Universum seit ewigen Zeiten gleichmäßig dicht verteilt und das Weltall somit als gesamtes unveränderlich sein. Weil aber nicht einmal andeutungsweise erklärt werden kann, wie Materie aus «nichts» entstehen soll, neigt die heutige Wissenschaft eher der Urknalltheorie zu, die durch die Entdeckung der Mikrowellen-Strahlung zum eigentlichen kosmologischen Standardmodell geworden ist.

Denkbar ist schließlich auch, daß das Universum oszilliert, sich also in rhythmischen Abständen aufbläht und wieder zusammenfällt. Der Urknall wäre in diesem Fall eine Erscheinung, die sich mehrmals – vielleicht sogar beliebig oft – wiederholt. Jeder Expansionsphase würde eine Kontraktionsphase und ein neuer Urknall folgen.

Die Frage, ob «Steady State», «Urknall» oder gar «oszillierendes Universum» nun die richtige Vorstellung ist, kann heute noch nicht eindeutig entschieden werden. Endgültige Beweise für die eine oder andere Entstehungstheorie gibt es nicht, weil vor allem der Nachweis über die Materieverteilung im Universum nur schwer zu führen ist. Eines ist aber gewiß: Moderne kosmologische Modellvorstellungen zeigen sehr eindrucksvoll die enorme Tragweite der gegenwärtigen astronomischen Forschung, die aber trotz großer Fortschritte immer wieder vor neuen und noch größeren Rätseln steht.

NGC 7789, ein rätselhaft alter Sternhaufen im Sternbild Cassiopeia. Weshalb hat sich diese lockere Ansammlung von Sternen, die vor über einer Milliarde Jahren entstanden ist, nicht schon längst aufgelöst?

Außerirdisches Leben

In diesem letzten Abschnitt wandeln wir noch etwas weiter auf größtenteils spekulativen Pfaden, die aber ebenfalls durch neuere Forschungsergebnisse klarer geworden sind. Es geht um die Frage, ob es außerhalb unseres so eng begrenzten Lebensraumes vielleicht noch andere Lebewesen irgendwo im All gibt. Manche unserer Zeitgenossen scheinen ja davon sehr überzeugt zu sein.

Vom Götterglauben zur Science-fiction

In der Sagenwelt der Griechen bevölkern Götter und Halbgötter in reicher Zahl den Himmel, die Erde, ja selbst die düstere Unterwelt des Hades ist mit turbulentem Leben erfüllt. Auch die Römer kannten eine Vielzahl von Göttern, die oft so menschliche und allzumenschliche Verhaltensweisen zeigten. Selbst das strengchristliche Mittelalter vermochte noch nicht von einem himmlischen «Vielvölkerstaat» abzuweichen; im Weltbild des italienischen Dichters Dante beispielsweise bevölkern die «himmlischen Intelligenzen» als Helfer Gottes die äußerste Himmelssphäre.

Im siebzehnten und achtzehnten Jahrhundert – dem großen Zeitalter der Entdeckungen und der Aufklärung – verlagerte sich das Problem des außerirdischen Lebens von der mystischen Ebene auf die der Vernunft. Eine Vielzahl bewohnter außerirdischer Welten wurde mit der Vernunft begründet, obwohl damals kein einziger konkreter Hinweis für die Richtigkeit einer derart gewichtigen Aussage bestand. In der damaligen Literatur hielt nicht selten ein Außerirdischer seinen Zeitgenossen einen Spiegel vor.

So gelangt etwa ein fiktiver Bewohner aus dem Reich des Sirius auf unseren Planeten und registriert mit Erstaunen die ihm vom Dichter zugeschobenen (Un-)Sitten in der menschlichen Gesellschaft. Diese in der Aufklärung sehr beliebte Literaturrichtung kann als Vorstufe zur heute so populären Science-fiction betrachtet werden.

«Marsmenschen»

Ende des 19. Jahrhunderts kam dann der weitverbreitete Glaube an die «Marsbewohner» auf. Grund dafür waren die vermeintlichen «Kanal»-Entdeckungen auf dem Planeten Mars durch den italienischen Astronomen Giovanni Schiaparelli (1877). Zwar wurden die Marskanäle immer wieder richtigerweise als optische Täuschungen bezeichnet, doch hinderte dies kaum jemanden, sich wortreich und weitschweifig mit den angeblichen Marsmenschen auseinanderzusetzen. Selbst ernsthafte Forscher erlagen dem «Marsmenschenboom», der um die Jahrhundertwende grassierte.

Camille Flammarion etwa, der sehr bekannte französische Astronom, schrieb 1880 in seiner «Populären Astronomie»:

«Alle diese Erwägungen veranlassen uns also, anzunehmen, die Marsbevölkerung sei von der Erdbevölkerung sehr verschieden. Jene Welt und ihre Menschheit müssen wohl vorgerückter und ohne Zweifel vollkommener sein als wir . . . Diese unbekannten Brüder sind keineswegs Seelen ohne Körper oder Körper ohne Seelen, übernatürliche oder außernatürliche Wesen, die handeln, denken, überlegen, wie wir es hier tun. Sie leben in Gesellschaft, sind in Familien gruppiert, in Nationen vereinigt; sie haben Städte gabaut und die Künste sich zu eigen gemacht; ohne Zweifel bieten die Sinne des Gesichts und des Gehörs dort keine wesentlichen Unterschiede gegenüber den unsrigen, und wenn es dazu käme, daß wir eines Tages unfern ihrer Wohnstätten vorbeikämen, so würden wir, überrascht von ihren Bauwerken oder entzückt von dem Echo melodiöser Akkorde, die uns die musikalischen Inspirationen unserer großen Meister in Erinnerung rufen würden, bewundernd stehen bleiben.»

Soweit Flammarion. Fantastische Projekte wurden ausgearbeitet, wie man die Marsbewohner auf unsere Anwesenheit aufmerksam machen könnte. Riesenfeuer in der sibirischen Taiga, die Urbanisierung großer Wüstenflächen in Form eines geometrischen Lehrsatzes und andere, ähnlich gelagerte Vorschläge wurden mehr oder weniger ernsthaft diskutiert – und dies in unserem Jahrhundert!

Nun, die Marsmenschenwelle ist spätestens seit den Untersuchungen der beiden Viking-Sonden im Sommer 1976 verebbt, doch die Frage nach der Möglichkeit von außerirdischem Leben ist geblieben.

Astro-Biologie

Die moderne Biologie ist heute in der Lage, wenigstens ungefähr die Grenzen des Lebens abzustecken, und sie hat inzwischen auch schon konkrete Vorstellungen, wie die ersten Vorstufen zur Lebensentwicklung abgelaufen sein könnten.

Stanley Miller, ein amerikanischer Biochemiker, hat im Jahre 1953 die Umweltbedingungen, wie sie vor einigen Millionen Jahren auf der Erde existiert haben, in der Retorte simuliert. Er setzte eine «Ur-Atmosphäre» (bestehend aus Methan, Ammoniak und Wasserdampf) starken ultravioletten Bestrahlungen und elektrischen Entladungen aus und analysierte anschließend das Ergebnis. Zu seiner nicht geringen Überraschung hatten sich aus den einfachen chemischen Verbindungen Aminosäuren und andere komplizierte chemische Verbindungen gebildet. Aminosäuren sind die Bausteine für Eiweißmoleküle und damit elementare Vorstufen für Leben.

Die moderne Radioastronomie hat inzwischen nachgewiesen, daß sich diese Vorgänge, die Miller in der Retorte durchführte, auch in anderen Bereichen des Universums abgespielt haben dürften. Verschiedene organische Moleküle und ihre Ausgangssubstanzen sind selbst in benachbarten Galaxien aufgefunden worden.

Trotzdem bleiben die Biologen skeptisch: Von den Aminosäuren zum Eiweißmolekül und noch eine Stufe höher zum ersten Lebenskeim, der Zelle, ist es noch ein weiter und auch keineswegs voll überblickbarer Weg. Sicher ist eigentlich nur, daß Leben und vor allem höher entwickelte Lebensformen an sehr eng gefaßte Umweltbedingungen geknüpft sind. Hochkomplizierte Kettenmoleküle, wie sie in pflanzlichen und tierischen Zellen auftreten, können nämlich nur bei mäßigen Temperaturen existieren. Bei stärkerer Erwärmung, meist schon unter 100° C, beginnen sie sich zu zersetzen. Andererseits laufen chemische Prozesse, wie sie im Lebensbereich notwendig sind, bei Temperaturen unter 0° C — wenn überhaupt — nur noch sehr langsam, gewissermaßen in Zeitlupe, ab. Einige einfacher aufgebaute Lebewesen (Bakterien, Einzeller) ziehen sich bei sinkender Temperatur ins latente Lebensstadium zurück; sie verharren in diesem Zustand manchmal jahrelang, ohne irgendwelche Lebensaktivität zu zeigen, und «erwachen» erst wieder bei ansteigender Umgebungstemperatur.

Bestimmte Temperaturen lassen Leben entstehen
Komplizierteren Organismen wie dem Menschen gehen aber diese fantastischen Fähigkeiten völlig ab. Im Gegenteil: je höher ein Tier entwickelt ist, umso wichtiger wird die Erhaltung einer möglichst stabilen Körpertemperatur. Steigt bei fiebrigen Erkrankungen die Temperatur des Menschen auf über 41 Grad, so kann dies zum Tod führen, ebenso eine zu starke Unterkühlung. Natürlich ist es dem heutigen Menschen möglich, sich sowohl vor großer Hitze als auch vor großer Kälte durch entsprechende Lebensweise und Kleidung zu schützen – bei der Entwicklung von Lebewesen muß man jedoch von den natürlichen Voraussetzungen allein ausgehen. Und hier zeigt sich dann beispielsweise in der Wüste oder in Polargebieten, daß durch die Evolution Leben auf wenige, den extremen Umweltbedingungen besonders angepaßte Formen reduziert wurde.
Die richtige Temperatur ist also eine unabdingbare Voraussetzung für das Entstehen und die Entwicklung höherer Lebensformen.
Weitere Umweltbedingungen fallen verschieden stark ins Gewicht. Der Sauerstoffgehalt der Atmosphäre, das Vorhandensein von ausreichenden Mengen Wasser, erscheinen nach heutigen Erkenntnissen weniger wichtig. Heute sind Lebewesen bekannt, die sogar in einer sauerstoff- und wasserlosen Umgebung wachsen und gedeihen können.
Auf der Suche nach außerirdischem Leben konzentrierte sich die Suche bisher auf den Planeten Mars. Er schien noch einigermaßen erträgliche Bedingungen für die Entwicklung niedriger Lebensformen zu bieten. Die Viking-Sonden haben jedoch keinerlei Anzeichen für irgendwelche Lebensaktivitäten auf dem roten Planeten gefunden. In unserem Sonnensystem schließt man deshalb mit an Sicherheit grenzender Wahrscheinlichkeit weitere Lebensformen aus.

Unter den zahllosen Milchstraßensternen gibt es möglicherweise viele mit einem erdähnlichen Planeten

Statistik und Wahrscheinlichkeit

Doch wie sieht es in der weiteren kosmischen Nachbarschaft, bei den nahestehenden Sternen, damit aus?
Bei den Berechnungen geht man zunächst davon aus, daß ein sonnenähnlicher Stern (ähnliche Größe und Oberflächentemperatur) als Licht- und Wärmelieferant dient. Im Umkreis von 20 Lichtjahren erfüllen immerhin etwa 10 Sterne diese Forderung. Als weitere Bedingung gilt, daß dieser sonnenähnliche Stern von Planeten umkreist wird, denn auf dem Stern selbst kann ja wohl kaum Leben gedeihen. Und hier beginnt für die moderne Wissenschaft bereits die Schwierigkeit: Es ist nämlich durch die großen Entfernungen im stellaren Bereich von der Erde aus unmöglich, einen Planeten direkt nachzuweisen, ihn also als Körper zu sehen. Aus Schwankungen an Barnards Pfeilstern kann zwar auf die Existenz eines dunklen Begleiters geschlossen werden, den man als Planeten bezeichnen könnte. Es ist je-

doch ausgeschlossen, ihn von der Erde aus direkt wahrzunehmen, und es entzieht sich deshalb auch unserem Wissen, ob sich die fragliche Planetenmasse auf einen oder vielleicht sogar auf mehrere Planeten verteilt.
Dennoch versucht man, mit Hilfe der Entwicklungsgeschichte, möglicherweise entstandene Planetensysteme wenigstens statistisch abzuschätzen. Etwa jeder zehnte Stern könnte demnach ein Planetensystem besitzen.
Um jeden hundertsten Stern könnte ein erdähnlicher Planet kreisen und damit die Grundvoraussetzungen für Leben bieten. Geht man weiter davon aus, daß die Entwicklung einer Zivilisation durchschnittlich etwa 100 000 Jahre auf einem erdähnlichen Planeten benötigt, so kommt man schließlich zum Resultat, daß die nächste Zivilisation etwa 1000 Lichtjahre von uns entfernt liegen könnte. Aber wohlgemerkt: Dies ist nur ein mit Hilfe der Wahrscheinlichkeitsrechnung ermittelter *statistischer Wert* – keine reale Größe. Es ist ohne weiteres denkbar, daß auch in nur wenigen Lichtjahren Entfernung bereits eine Zivilisation existiert, möglicherweise ist die uns am nächsten gelegene, andere «Erde» weit über 1000 Lichtjahre entfernt.

Suche nach außerirdischen Zivilisationen

Diese Zahlen illustrieren das Problem einer allfälligen Kommunikation mit den Außerirdischen sehr eindrücklich: Angenommen, man besäße heute die technischen Möglichkeiten, um den außerirdischen Lebewesen eine für sie verständliche Radiobotschaft zu senden, so gilt doch zu bedenken, daß diese Botschaft mehrere Jahre oder sogar Jahrzehnte unterwegs sein würde, obwohl sich Radiowellen wie das Licht mit 300 000 km/s ausbreiten. Angenommen, dieses Signal wäre so stark, daß es überhaupt die ferne Planetenwelt erreichen würde, so heißt dies noch lange nicht, daß es die Außerirdischen auch empfangen und verstehen könnten. Sie müßten dazu mindestens den gleichen oder einen höheren Entwicklungsstand wie wir aufweisen, um unsere Botschaft zu empfangen und dann erst noch eine Antwort senden zu können.
Zur Erinnerung: In der 100 000 Jahre dauernden Entwicklungsgeschichte des Menschen ist man gerade seit 40 Jahren in der

Die Sprache der Außerirdischen

Wie also könnte man sich mit fremden Wesen auf einem fernen Planeten verständigen?
Mit dieser Frage haben sich unter anderen auch die beiden Astronomen Carl Sagan und Frank Drake von der Cornell University, New York, beschäftigt, als sie 1972 eine Plakette für die interplanetaren Pioneer-Sonden entwarfen. Auf einer vergoldeten Aluminiumtafel sind zunächst einfache Bildinformationen in Form zweier menschlicher Gestalten enthalten. Zusätzlich wurden Angaben über die Herkunft der Sonden in der universellen Sprache der Wissenschaft *eingraviert. Die Lage der Sonne und ihrer Planeten wird anhand einiger charakteristischer Pulsar-Frequenzen, die in diesem Fall als kosmische Orientierungspunkte und Zeitmarkierungen dienen, erläutert. Die dazu verwendeten «Buchstaben» setzen sich lediglich aus zwei verschiedenen Zeichen, einem sogenannten* Binär-Code, *zusammen. Die Sprache reduziert sich so auf Zahlenangaben. Ein gleicher Code ließe sich auch für die Kontaktaufnahme per Funk verwenden, wobei sogar einfach aufgebaute Bildinformationen übermittelt werden könnten.*
Allerdings muß man realistisch bleiben: Jede unserer Botschaften wäre wenigstens einige Jahre unterwegs, und die Antworten ließen mindestens ebensolange auf sich warten. Kosmische Verständigung heißt also in jedem Fall: Kommunikation in Zeitlupe.

Lage, Radiosignale aus dem Weltall zu empfangen! Ist es also glaubwürdig, daß wir den Außerirdischen unsere Botschaft genau zum richtigen Zeitpunkt senden, eine Botschaft, die mindestens einige Jahre unterwegs sein würde?
Trotz dieser reichlich ungünstigen Wahrscheinlichkeit wurden in der Vergangenheit etliche Projekte durchgeführt, um eventuelle außerirdische Zivilisationen zu entdecken. Im 1960 durchgeführten Projekt OZMA beispielsweise versuchte man mit einem großen Radioteleskop bei einigen nahe gelegenen Ster-

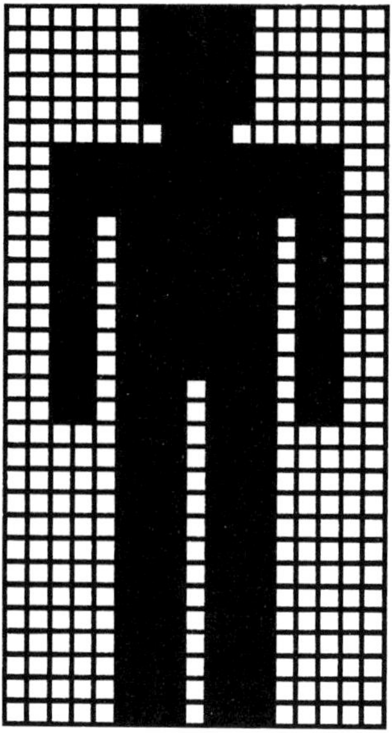

Beispiel einer Funkbotschaft, die durch intelligente Außerirdische entziffert werden könnte. Derartige Botschaften sind nach logischen Gesichtspunkten abgefaßt. Unser Beispiel setzt sich aus insgesamt 527 Ein-Aus-Signalen zusammen. Diese Zahl läßt sich in die beiden Primzahlen 17 und 31 zerlegen, also sind bei der Bildzusammenstellung entweder 17 Zeilen mit je 31 Zeichen oder 31 Zeilen mit je 17 Zeichen logischerweise möglich. Aber nur die letztere Version ergibt eine «vernünftige» Lösung

nen den vielleicht vorhandenen Funkverkehr der Außerirdischen abzuhören. Man betrieb also eine passive Suche nach Zivilisationen im All. OZMA scheiterte aber ebenso wie einige spätere Projekte.
Sind wir also die einzigen Lebewesen im All? Können wir uns – wie der Mensch des Mittelalters – als das höchste Lebewesen im Universum, das von Gott als Statthalter seiner selbst zur Verwaltung der Erde eingesetzt wurde, betrachten?
Es gibt keinen Beweis, um diese traditionelle Behauptung zu bestätigen oder zu widerlegen. Aber eines ist sicher: Wenn es auch schwierig oder sogar unmöglich ist, die Existenz von außerirdischem Leben nachzuweisen, so deuten doch etliche Fakten darauf hin. Es gibt kein einziges logisches Argument, warum Leben auf unsere Erde beschränkt sein soll.

Literatur

Clark, David H./Stephenson, F. Richard: The Historical Supernovae, Oxford, New York 1977

Ferris, Timothy: Die rote Grenze, Birkhäuser, Basel 1982

Griesser, Markus: Himmelsfotografie, Hallwag-Taschenbuch 108, Bern 1982

Herrmann, Joachim: dtv-Atlas zur Astronomie, Deutscher Taschenbuch Verlag, München 1977

Kippenhahn, Rudolf: 100 Milliarden Sonnen, Piper, München 1981

Mitton, Simon: Die Erforschung der Galaxien, Springer, Berlin, Heidelberg 1978

Payne-Gaposchkin, Cecilia: Sterne und Sternhaufen, Vieweg, Braunschweig 1984

Schaifers, Karl/Traving, Gerhard: Meyers Handbuch über das Weltall, Mannheim 1984

Thoene, Karl: Einführung in die Astronomie, Hallwag-Taschenbuch 42, Bern 1982

Vehrenberg, Hans: Atlas der schönsten Himmelsobjekte, Treugesell-Verlag, Düsseldorf 1978

Weinberg, Steven: Die ersten drei Minuten, Piper, München, Zürich 1983

Register